基础生物学实验

谢志雄　黄诗笺　戴余军　鲁旭东　编

WUHAN UNIVERSITY PRESS
武汉大学出版社

图书在版编目(CIP)数据

基础生物学实验/谢志雄等编. —武汉:武汉大学出版社,2015.5
ISBN 978-7-307-15597-8

Ⅰ.基… Ⅱ.谢… Ⅲ.生物学—实验—高等学校—教材
Ⅳ.Q-33

中国版本图书馆 CIP 数据核字(2015)第 089351 号

责任编辑:黄汉平   责任校对:汪欣怡   版式设计:马 佳

出版发行:**武汉大学出版社**   (430072   武昌   珞珈山)
        (电子邮件:cbs22@whu.edu.cn 网址:www.wdp.com.cn)
印刷:崇阳县天人印刷有限责任公司
开本:880×1230 1/32   印张:5.125   字数:144 千字   插页:1
版次:2015 年 5 月第 1 版   2015 年 5 月第 1 次印刷
ISBN 978-7-307-15597-8   定价:14.00 元

内 容 提 要

　　本书精选了动物学、植物学、微生物学、遗传学、生物化学和分子生物学等领域的 28 个基础实验，分为 9 个部分，从宏观到微观，从个体到细胞分子水平，在不同层面以点带面，安排了显微镜观测、常规的生物制片、代表性的生物解剖、定量检测、现代分子生物学方法与技术等实验内容，兼顾传承经典，融合传统与现代的不同教学需求。本书可满足综合性院校公共理科平台生物学实验课程教学需要，也可作为普通高等院校生命科学专业本、专科生及环境科学、医学、药学、农学等相关专业学生基础生物学实验教材。

前　言

　　20 世纪 50 年代以后，生命科学迅速发展，在与其他学科间的交叉渗透过程中诞生了许多新兴学科和前景无限的生长点，生命科学已成为推动 21 世纪自然科学和人类社会发展的关键性学科。随着"宽口径、厚基础"已成为新世纪高等教育人才培养的基本目标模式，大类基础教育已是高等学校人才培养的重要趋势，作为提高科学文化素质的基础生物学通识教育也得到迅速发展，许多高校已将基础生物学课程列为全校通识课或全校公共理科平台课程，其中基础生物学实验课也已成为深受大学生青睐的素质教育实验课程。

　　编者从事基础生物学实验教学已有二十余年的经验，在深入研究基础生物学实验教学的特点和规律的基础上，对基础生物学实验教学体系和内容进行了不断优化整合，本书的编撰是对长期实验教学改革实践的阶段性总结。全书分为 9 个部分，包括 28 个实验、4 个附录。从宏观到微观，从个体到细胞分子水平，在不同层面以点带面，精选了显微镜观测、常规的生物制片、代表性的生物解剖、生物定量检测、现代分子生物学方法与技术等实验内容，兼顾了传统与现代、经典与创新的不同教学需求，涵盖了动物学、植物学、微生物学、遗传学、生物化学和分子生物学实验涉及的基本实验技能与内容。附录 4 为每一部分实验单独编制了实验报告，在实验报告没有涉及的实验后设计了思考题，帮助学生学习思考。本书可满足综合性院校公共理科平台生物学实验课程教学需要，也可作为普通高等院校生命科学专业本专科生及环境科学、医学、药学、农学等相关专业学生基础生物学实验教材。

　　本书的编写与出版得到武汉大学本科生院和武汉大学出版社的

1

大力支持，获武汉大学"十一五"规划教材项目资助，顺利完成前期的编写调研工作。本书编写过程中，除对原有实验讲义和教学内容的凝炼外，也充分借鉴了近年来国内外部分优秀的相关实验教材和论文，向这些编（作）者表示感谢。黄诗笺老师参与本书规划设计和全书的审校工作；部分实验设计与改进得到朱丽华、高卫星老师的大力支持和高经纬、唐纬坤、樊俊鹏、邵明、王环宇等各位助教的协助，文中部分插图由樊俊鹏、姜桢绘制，在此一并表示衷心的感谢。同时，也要感谢湖北工程学院的大力支持，鲁旭东、戴余军等老师参与部分实验内容的编写和审订工作。

　　生命科学发展日新月异，新技术、新方法不断涌现，由于编制水平有限，难免挂一漏万，书中定有不足之处，敬请读者批评指正，以便不断提升改进。

编　者

2015 年 2 月

目　　录

第一部分 生物显微观察与绘图

实验 1 显微镜的结构与使用

　　显微镜的发明与应用，使生命的研究从宏观领域进入到了微观领域，能够对生物体的细微结构进行观察研究，生命科学研究进入细胞、亚细胞水平。目前被广泛使用的普通光学显微镜从当初单筒式、外光源的简单结构形式发展到具有双目镜、内光源，并衍生出许多具有特殊功能的光学显微镜。

　　相差显微镜：独特之处是在聚光镜下面装有一个环状光阑（加绿色滤光片），其物镜是安有相板的相差物镜（标有"Ph"）。环状光阑形成一个空心的光线锥，造成透过标本的光线分离成直射光和衍射光两组光线，这两组光线分别从相板上的环区和环外区通过，导致它们之间微弱的相位差被放大增强，在上面透镜的收敛作用下，这两组光线发生干涉效应，使得相位差转变成振幅差（即明暗差），反差增强，因而可以利用相差显微镜观察普通显微镜难以观察到的细胞细微结构。

　　暗视野显微镜：依据丁达尔（Tyndall）光学效应原理，在普通光学显微镜基本结构上换装暗视野聚光镜，使照射被检物体的光线不能直接进入物镜与目镜，而利用被检物体表面的散射光线来观察，其分辨力可达 $0.2 \sim 0.004\mu m$。黑暗的视野中可见明亮的被检物体明细外貌特征及其运动，但是看不见被检物体内部的细微结构。

　　偏振光显微镜：利用偏振光来鉴别生物体内某些有序结构的光学性质，同时也可用来鉴别某些组织中的化学成分。在普通光学显微镜的结构基础上，加上两块能使光线偏振的尼科尔棱镜，装在聚光镜下面的为起偏镜，装在目镜与物镜之间的为检偏镜，这两块棱镜中的一块固定，另一块可以旋转（或者两块均可旋转）。偏振光显微镜可用来鉴别晶体和生物体内某些有序结构的光学性质，同时也可用来鉴别某些组织中的化学成分。

荧光显微镜：利用激发光的照射，使标本内的荧光物质被激发出各种不同颜色的荧光，从而分辨标本内某些物质的性质和位置。主要用于观察材料中具有荧光特性的物质或被荧光染料着色的物质等特殊成分。

倒置显微镜：光路反转，光线由上往下照射被检物体。此种显微镜聚光镜与载物台之间工作距离大，主要用来观察培养的整瓶细胞和进行显微操作，亦可被用作普通光学显微镜使用。

体视显微镜：将通过物镜的光按一定角度分为 2 条光路，分别进入 2 个目镜，成像是正的立体像，一般可连续变倍，工作距离长、视野宽，便于进行解剖观察实验，但放大倍数较普通光学显微镜小。

一、实验目的

（1）学习、了解普通光学显微镜的基本构造，并且能够较熟练地使用。

（2）学习、了解体视显微镜的基本构造，并且能够较熟练地使用。

（3）了解各种生物显微镜的原理与用途。

二、实验材料

轮藻，马铃薯，水绵，草履虫，培养细胞，生物切片标本，昆虫标本。

三、仪器设备

普通光学显微镜，体视显微镜，相差显微镜，暗视野显微镜，偏振光显微镜，荧光显微镜，倒置显微镜，擦镜纸，载玻片，盖玻片，镊子。

四、药品试剂

10g/L 碘液，蒸馏水，香柏油，擦镜液（乙醚：无水乙醇 =
7：3，V：V）。

五、实验操作与观察

（一）显微镜的构造与使用（图 1-1）

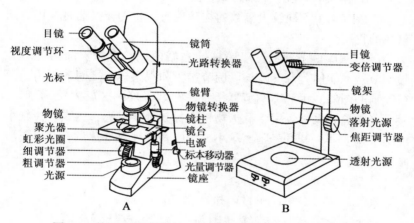

图 1-1　普通光学显微镜（A）和体视显微镜（B）的构造

普通光学显微镜由机械系统、光学系统及光源系统三部分
组成。

1. 机械系统

主要对光学系统和光源系统起支持和调节作用。由镜座与镜
柱、镜臂与镜筒、镜台与标本移动器、镜头转换器和焦距调节器等
部分组成。

（1）镜座与镜柱：镜座是显微镜底部的承重部分，其后方的
短柱称为镜柱，支持镜台。

（2）镜臂与镜筒：镜柱以上的一个斜柄为镜臂，移动显微镜

时便于手把握。镜臂的顶端安装有镜筒和镜头转换器。镜筒是镜臂前端的两个圆筒，内装目镜镜头。通过调节左右镜筒之间的距离，可以使左右目镜的视野完全重合，以适应观察者两眼的瞳距。

（3）镜台与标本移动器：镜台亦称载物台，是放置玻片标本的平台。其中央的圆孔为镜台孔，来自下方的光线由此通过。镜台上装有标本移动器，标本移动器上的压片夹用以固定载玻片，镜台右下方有标本移动器调节螺旋，转动上下螺旋可前后左右移动玻片标本。

（4）镜头转换器：镜筒下端可旋转的圆盘为镜头转换器，其上一般装有 4 个不同放大倍数的物镜镜头，转动转换器可换用不同倍数的物镜。

（5）焦距调节器：位于镜柱的左右两侧，有粗、细两个螺旋形调节器，能使镜台升降，以调节物镜和观察标本之间的距离，获得清晰的图像。粗、细调节器组合在一起，外圈螺旋为粗调节器，其升降距离较大，仅用于低倍物镜下寻找观察目标；内圈周径较小的是细调节器，其升降距离较小，用于精确地对准焦点，获得更清晰的物像。

2. 光学系统

即光学成像系统，由目镜和物镜构成。

（1）目镜：是在一个金属圆筒上端装有一块较小的透镜、下端内侧装有一块较大的透镜构成，其作用是将物镜所放大的物像进行再放大。一般有 10×、12.5× 等放大倍数的目镜。

（2）物镜：由数组透镜组成，透镜的直轻越小，放大的倍数越高；物镜聚集来自光源的光线和利用入射光对被观察的物像做第一次放大；每台显微镜一般配 4 个倍数不同的物镜，放大 40× 以下的为低倍镜，一般有 4×、10×；放大 40× 以上的为高倍镜，放大 100× 的为油镜。

3. 光源系统

由光源、聚光器和虹彩光圈构成。

（1）光源：在镜台孔正下方的镜座上有一个内置式电光源，镜座或镜柱的侧面有电源开关和光量调节器，用以调节光源光线的强弱。

（2）聚光器：在镜台孔下方，由两三块凸透镜组成。作用是聚集来自下方的光线，使光线增强，通过镜台孔射在标本上，并使整个物镜的视野均匀受光，以提高物镜的分辨力。

（3）虹彩光圈：亦称可变光阑。位于聚光器下面，由许多金属片组成。拨动操纵光圈的调节杆，就可调节光圈的大小，使上行的光线强弱适宜，便于观察。

（二）显微镜的使用方法

1. 安放显微镜

打开镜箱，右手紧握镜臂，左手平托镜座，轻放桌上距离桌子边缘几厘米处，让目镜对着观察者。

2. 检查

检查各部件是否完好，镜身、镜头必须清洁。

3. 调光

旋转镜头转换器，使低倍镜头对准镜台孔。升高聚光器，打开光圈，再打开电源开关，并调节光量，使视野内的亮度达到明暗适宜。在镜检全过程中，根据所需光线的强弱，可通过扩大或缩小光圈、升降聚光器加以调节。

4. 玻片标本安放

光线调好后，将玻片标本放在镜台上，有盖玻片的一面朝上，被检物体对准圆孔正中，用标本移动器上的压片夹卡紧。

5. 低倍镜观察

以 4×物镜对准光路，从侧面观察，转动粗调节器，将镜台升至最高（物镜与镜台之间应有足够的空间）。然后自目镜观察，慢慢转动粗调节器降低镜台，同时移动标本移动器，直到基本看清标本物像。再轻轻转动细调节器，以便得到清晰的物像。如果观察的目标不在视野中央，可调节标本移动器，使之恰好位于视野中央。若光线不适，可拨动虹彩光圈的操纵杆，调节光线至适宜。

6. 高倍镜观察

在低倍镜下将欲详细观察的目标移至视野中央，再转动镜头转换器，将高倍物镜转至工作位置。适当调节亮度后，只需微微转动细调节器，就可看到更清晰的物像，此时不能使用粗调节器。由于显微镜下观察的被检物有一定厚度，故在观察过程中必须随时转动细调节器，以了解被检物不同聚焦平面的情况。用高倍镜观察后，若有必要，可再换用油镜观察。

7. 油镜观察

转动镜头转换器，移开高倍物镜。在玻片标本待观察的区域上滴 1 滴香柏油，将油镜头转至工作位置（从低倍镜侧转，以免高倍物镜沾上香柏油），用细调节器调至物像清晰，此时还应适当增加光的亮度。如果镜头已提出香柏油而尚未见到物像时，应按上述过程重复操作。使用完毕，将镜头从香柏油中脱离，取下玻片，用擦镜纸擦去镜头上的香柏油，再用擦镜纸蘸少许擦镜液擦拭镜头上的油迹，然后用干净擦镜纸擦去镜头上残留擦镜液。

8. 复原

显微镜使用完毕，关闭电源，降下镜台，将物镜镜头转离镜台孔，取下玻片。关闭光圈，降下聚光器至原位。擦净载物台和物镜，以 4× 物镜对准光路，装镜入箱。

（三）体视显微镜的构造与使用

1. 体视显微镜的构造

体视显微镜结构较普通光学显微镜简单，也可分为机械系统、光学系统及光源系统三部分组成。机械系统由底座、镜柱、镜架、镜台与调焦调节器（连续变倍调节钮和焦距调节钮）等部分组成，没有标本移动器和镜头转换器；光学系统由目镜和物镜构成，物镜只有单一放大倍数。光源系统分为透射光源和投射光源，依据观察需要选用。

2. 体视显微镜的使用

使用相对简单，将待观察物体放在观察台板上，旋转变倍调节器至放大倍数最小（视野最大），调整物体，使其在视野中央；旋转调焦调节器，使观察的物像清晰。如需进一步放大，可以通过变倍调节器增加放大倍数，注意调整观察物体位置，以免离开视野。

（四）特殊显微镜观察（示范）

（1）相差显微镜：观察轮藻胞质环流。

（2）暗视野显微镜：观察草履虫的形态及运动。

（3）偏振光显微镜：观察马铃薯淀粉粒。

（4）荧光显微镜：观察水绵叶绿体。

（5）倒置显微镜：观察培养细胞。

六、实验建议

（1）目前普通光学显微镜都是配置的同焦镜头，使用油镜时不必再降低镜台，高倍物镜下选择好观察视野后，直接滴加香柏油，转换油镜头，稍调节一下细调节器即可。

（2）显微镜的使用是以后相关实验的基础，要求熟练掌握使用方法。可以组织随堂显微镜使用操作考核，及时发现、纠正显微镜使用中出现的问题，帮助同学尽快熟练规范地掌握显微镜使用要领。

实验 2　显微测微技术

细胞直径大多数在 $10 \sim 100\mu m$ 之间，需要借助显微镜测微尺测量其大小，测微尺由镜台测微尺（台尺）和目镜测微尺（目尺）组成。

镜台测微尺是一特制的载玻片，上面贴有一个圆形盖玻片，其中央具有精确刻度的标尺，专门用于校正目镜测微尺每格长度，标尺全长为 1mm，共等分为 10 大格，每一大格又等分为 10 小格，共 100 小格，每一小格长 0.01mm，即 $10\mu m$。也有的全长为 2mm，共等分成 200 小格，每小格的长度不变。在标尺的外围有一小黑环，便于找到标尺的位置。校正时将镜台测微尺放置于载物台上，因为其标尺是在载玻片上，所以每格的长度（$10\mu m$）就是实际测量的长度。

目镜测微尺是一个可放入目镜内的特制圆形玻片，在中央刻有不同形式的标尺。通常用来测量长度的标尺为直线式，一般长 5mm，等分成 5 大格，每一大格又等分为 10 小格，共计 50 小格。有的标尺同样长度却分为 100 小格。测量时，将它放在目镜中的光阑上。目镜测微尺测量的是显微镜放大后物像的大小。

由于不同显微镜（目镜、物镜）放大倍数不同，故目镜测微尺每格实际代表的长度随显微镜放大倍数的不同而异。因此，在使用前需用镜台测微尺校正，以获得在一定物镜和目镜等光学系统下目镜测微尺每格代表的实际长度。

一、实验目的

学习并掌握测量细胞大小的基本原理与方法。

二、实验材料

人血液涂片。

三、仪器设备

普通光学显微镜，擦镜纸，目镜测微尺，镜台测微尺。

四、实验操作与观察

（一）测微尺的使用

1. 目镜测微尺的校正（图 2-1）

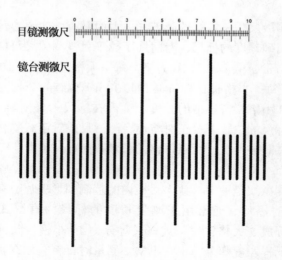

图 2-1　目镜测微尺的校正

（1）首先把目镜上的透镜旋下，将目镜测微尺轻轻地装入目镜的隔板上，有刻度的一面向下，再将目镜的透镜旋上。

（2）将镜台测微尺置于载物台上，有刻度一面朝上并对准光路。先在低倍镜下将镜台测微尺移至视野中央，然后换用测量细胞时所用物镜准焦，观察清楚镜台测微尺上标尺的刻度。

（3）转动目镜，使目镜测微尺的刻度与镜台测微尺的刻度平行，再移动标本移动器，使镜台测微尺左侧其一刻度线与目镜测微尺的零线相重合，然后向右找出第二条重合线，并准确读出和记下两端重合线之间目镜测微尺和镜台测微尺各有多少格。

（4）按下列公式计算出所校正的目镜测微尺每小格所代表的实际长度：

目镜测微尺每小格长度（μm）＝两个重合线间镜台测微尺的格数×10/两个重合线间目镜测微尺的格数。如：若目镜测微尺 20 小格等于镜台测微尺 5 小格，则目镜测微尺上每小格的大小为 5×10/20＝2.5（μm）。如果用不同倍数的物镜或目镜，就必须重新校正，方法同前。

2. 细胞大小的测量

目镜测微尺校正好后，移去镜台测微尺，换血液涂片观察。人的红细胞呈圆饼状，用目镜测微尺来测量红细胞直径占有几格，测出格数乘上目镜测微尺每个格的长度即等于该红细胞的直径。

在同一涂片上测定 10 个红细胞或白细胞的直径，求出平均值，即代表人的红细胞或白细胞直径的大小。

五、实验建议

（1）白细胞数量远少于红细胞，而且白细胞种类较多，建议选择数量较多的嗜中性粒细胞或淋巴细胞测量。

（2）如有条件，可以安排学生体验显微镜配备的显微图像采集分析系统的相关测量功能。显微图像采集分析系统可以通过连接到显微镜上的图像采集系统完成图像采集、调整、分析、处理并输出报告，设定好参数和测量范围后，软件可以对采集图像中的目标物自动进行计数及尺寸测量，但需要提醒学生其标尺也需用台尺校准后使用。

实验 3　生物绘图的主要技法、基本技能

生物绘图是形象地描绘生物外形、结构和行为等的一种重要的科学记录方法。其原则是要求对所描绘生物对象作深入细致的观察，从科学的角度充分了解其相关形态结构特征，在此基础上，准确、严谨地绘制。所绘图形具有真实性，并且简要清晰。目前显微摄影技术在很多显微镜上都可以应用，但是规范的生物绘图不仅使目标结构更清晰明了，而且绘图过程可以帮助学生更好地把握生物形态结构特点。生物绘图主要涉及"线"和"点"的合理应用。

生物绘图对线条的要求是：线条均匀，不可时粗时细；线条边缘圆润而光滑，不可毛糙不整；行笔流畅，不能中间顿促凝滞。线条包括长线、短线和曲线。连贯的长线主要表现物体的外形轮廓、脉纹、皱褶等部位，要求能够一笔绘成，防止线条粗细不匀。短线主要用于表现细部特征，如网状的脉纹、鳞片、细胞壁、纤毛等，下笔应用力均匀地从头移到尾再挪开笔尖。曲线用于勾画物体的形态轮廓、内部构造、区分各部分的界线，以及表现毛发、脉纹、鳞甲等，曲线描绘要求变而不乱、曲而得体和粗中有细。

生物绘图中点主要用来衬阴影，以表现细腻、光滑、柔软、肥厚、肉质和半透明等物质特点，有时也用点来表现色块和斑纹。对点的要求是点形圆滑光洁、排列匀称协调、大小疏密适宜。常用点的类型有粗密点、细疏点、连续点和自由点。

一、实验目的

学习掌握生物绘图的基本技法。

二、实验材料

蚕豆叶表皮装片。

三、仪器设备

普通光学显微镜。

四、实验操作与观察

用显微镜观察蚕豆叶表皮装片，选取气孔结构完整的视野，进行生物绘图。

（一）起稿

1. 观察

绘图前需对目标作仔细观察，对其外部形态、内部构造及其各部分的位置关系、比例、附属物等特征有完整的认识。同时要把正常的结构与偶然的、人为的"结构"区分开，并选择有代表性的典型部位起稿。

2. 起稿

起稿就是构图、勾画轮廓。一般用中性铅笔（HB），将所观察对象整体及主要部分轻轻描绘在绘图纸上。此时要注意图形的放大倍数和在纸上的布局要合理，留出名称、图注等位置。把需在画幅上表现的内容适当地组织起来，构成一个层次清楚、协调完整的画面。起稿时落笔要轻，线条要简洁，尽可能少改不擦。画好后，要再与所观察的实物对照，检查是否有遗漏或错误。

（二）定稿

对草图进行全面的检核和审定，经修正或补充后便可定稿，一般用硬铅笔（2H 或 3H）以清晰的笔画将草图描画出来。定稿后可用橡皮将草图轻轻擦去，然后将各结构部位作简明图注。图解注字一般用楷书横写，并且注字最好在图的右侧或两侧排成竖行，上下尽可能对齐。图题一般在图的下面中央，实验题目在图上方中央的位置，图纸右上角注明姓名、学号、日期等。

五、实验建议

对于初学者，生物绘图有一定困难，特别是对需要展示的内容往往把握不好，在开始绘图前最好对构图思路进行一定的指导。

第二部分　植物学实验

实验 4　植物组织制片与植物营养器官观察

整体的动、植物体大部分都是不透明的，无法在显微镜下直接观察，一定要经过特殊的手续，将要观察的材料先减少它的厚度和体积，使光线透过才能作显微观察。为了适应这个需要就产生了显微技术，即生物制片技术。通过处理，使材料变成薄片，或将生物体组织分离成单个细胞，或将这个生物体进行整体处理。然后通过染色，再用显微镜进行研究。

对生物体的各种组织或细胞组成进行染色的原理，一般仍然是以它们的物理现象或化学现象为依据的，即物理性的吸收、吸附和沉淀作用，以及化学性的酸、碱中和作用与离子作用等。目前生物学切片技术方面应用的染料可分为天然染料与人工染料。天然染料的种类比较少，最常用的有洋红和苏木精；人工染料按其含有的化学成分，可分为碱性染料、酸性染料和中性染料，如番红、结晶紫、固绿、曙红和吉姆萨等。这些染料可分别与细胞核或细胞质成分产生亲和力而使被染对象着色。

一、实验目的

（1）了解、掌握植物根尖压片、叶表皮撕片和徒手切片的一般方法。

（2）了解植物的基本组织和营养器官根、茎、叶的结构特点。

（3）了解植物基本组织和营养器官的结构特点与功能的相关性。

二、实验材料

大蒜根尖，洋葱鳞片，蚕豆叶，海桐叶，梨，水稻植株，蚕豆植株，新鲜水绵及接合生殖装片，洋葱根尖纵切片标本，棉花老根横切片，南瓜茎纵横切片，椴木茎横切片，苜蓿茎横切片，玉米茎横切片，蚕豆叶表皮装片，蚕豆根横切片，梨石细胞装片，海桐叶横切片。

三、仪器设备

显微镜，解剖器具，垫板，镊子，载玻片，盖玻片，滴管，吸水纸，培养皿，双面刀片，滤纸，擦镜纸。

四、药品试剂

卡诺氏固定液，1mol/L HCl，醋酸洋红染液，10g/L 碘液，蒸馏水等。

五、实验操作与观察

（一）植物细胞形态观察

1. 水绵标本临时装片观察

挑取少许水绵制成水封片，在低倍镜下观察，可见水绵的藻体是多细胞不分枝的丝状体。水绵细胞内有 1 至数条带状的、呈螺旋状排列的载色体，用碘液染色，载色体上呈现多个蓝色的小圆粒，是起贮藏作用的淀粉核。细胞核位于细胞中央，圆球状。

2. 水绵结合生殖装片观察

观察水绵接合生殖装片，两条水绵丝状体平行靠近，并列细胞相对一侧先形成突起，进而两突起延长，直至相接，之后两突起横壁溶解，形成接合管，同时原生质体完全浓缩形成不同性的配子，有些配子通过接合管流向另一条丝状体的细胞中，并与该细胞的配子相结合形成合子。

（二）植物组织观察

1. 分生组织

分生组织是由具有分裂能力的细胞所组成。根据它在植物体中所处的位置，可分为顶端分生组织、侧生分生组织和居间分生组织。观察洋葱根尖纵切片，在根尖端根冠后方是生长点，即根尖的顶端分生组织。该处细胞较小，细胞排列紧密，细胞呈正方形或长方形。细胞壁薄，原生质丰富，细胞核大，位于细胞的中央，没有液泡或仅有分散的小液泡。

制作洋葱根尖压片标本观察分生组织细胞有丝分裂。将洋葱头置于盛水的小烧杯上，使其鳞茎浸入水中，放在 25℃ 恒温箱中培养，待根长到 2cm 左右时，剪取长约 1cm 的根尖于卡诺氏固定液中固定 20min。将固定后的材料放在载玻片上，用 1mol/L HCl 软化 1min，再用醋酸洋红染液染色 10min。用解剖针将材料拨碎，盖上盖玻片，覆以吸水纸。轻轻敲击盖玻片，再用拇指适当用力下压，但注意勿使盖片滑动。压好的片子中，材料铺展成均匀的、单层细胞的薄层状。注意寻找、观察根尖分生区处于有丝分裂不同时期的细胞。

2. 薄壁组织

薄壁组织是构成植物体最基本的组织，故也称基本组织。植物体内大部分生活细胞都是薄壁组织，广泛分布于根、茎、叶、果实和种子等各个器官。观察南瓜茎横切片标本，南瓜茎中薄壁组织分布很广，细胞大小不同，但均为薄壁的生活细胞，形状为圆形、椭圆形或多角形，细胞的分化程度不高。

3. 保护组织

保护组织位于植物体表，包括表皮和木栓两种类型，具有保护内部组织的作用。观察蚕豆叶表皮装片，表皮细胞排列非常紧密，细胞的侧壁凸凹不齐，彼此嵌合，没有缝隙。

蚕豆叶或洋葱鳞片叶表皮撕片标本的制作。在载玻片中央滴 1 滴蒸馏水，将蚕豆叶片缠绕在左手食指上，以左手大拇指和中指夹住缠绕的叶片，令叶片的背面向上。然后用尖头镊子轻轻撕下一小块下表皮，平铺在载玻片的水滴中，轻轻压入水中、展平，盖上盖玻片，吸去多余水分，观察（图 4-1）。滴 1 滴稀碘液在盖玻片一侧，在另一侧用滤纸吸水，使染液通过样品，再观察。观察蚕豆叶

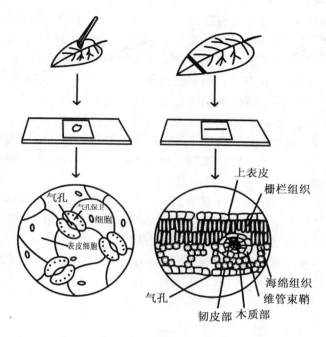

上表皮
栅栏组织

气孔
气孔保卫
细胞
表皮细胞

海绵组织
维管束鞘
气孔
韧皮部　木质部

图 4-1　撕片与徒手切片

下表皮标本，注意气孔的结构。气孔由两个保卫细胞组成。保卫细胞也是生活细胞，呈肾形，具细胞核和叶绿体。两个保卫细胞以凹入的一面相向，在相向面的中部，细胞壁较厚并彼此游离形成空隙，即为气孔。气孔是叶片中气体出入的门户。

　　4. 输导组织

　　输导组织可分为两类：一类是运输水分与无机盐的导管和管胞，另一类是运输可溶性有机物质的筛管。观察南瓜茎的纵横切片，木质部导管染成红色，导管由一列列细胞相连而成，各相邻细胞间的端壁消失，成为贯通的管道，各类导管基本上是由小到大，依次排列着环纹导管、螺纹导管和梯纹-网纹导管；筛管染成绿色，由多个柱形细胞连接而成，细胞壁不增厚，也不木质化。相邻两细胞间的横隔壁为有许多小孔（筛孔）的筛板。

5. 机械组织

机械组织主要起支持作用，有厚角组织和厚壁组织两种类型，厚壁组织又包括纤维和石细胞。观察南瓜茎纵横切片中的厚角组织和纤维，可见表皮下有一圈由数层厚角细胞组成的圆环，而在茎的突起部位则成束存在，各相邻细胞在角隅处增厚，但不木质化；皮层内有一圈由多层纤维细胞组成的圆环，细胞壁明显增厚，并木质化，细胞内生活内容消失，成为死细胞。在纵切面上，可见纤维为一排染成红色的细长而两端尖细或钝圆的纤维细胞，每个细胞均以其先端插入其他若干纤维细胞之间而彼此紧密贴合起来，形成一种极为坚固的结构。

厚壁组织石细胞制片观察。在洁净的载玻片上滴 1 滴蒸馏水，用解剖针挑取少许梨果肉组织移入水滴中，将其捣散，碘液染色，盖上盖玻片观察。梨果肉的石细胞形状像薄壁组织细胞，但其细胞壁极度增厚并木质化，细胞腔很小，单纹孔引伸成管状，或汇合成分枝状态，原生质消失成为死细胞。

（三）植物营养器官观察

1. 根

（1）外形观察：观察水稻（须根）和蚕豆（直根）的根系。

（2）根的结构：观察洋葱萌发的根，顺序观察根冠、分生区、伸长区和根毛区（图 4-2A）。

根的初生结构观察（图 4-2B）。观察蚕豆幼根横切片，由外至内分为表皮、皮层和中柱三大部分。表皮由一层细胞构成；皮层相当发达，紧接表皮下的一层细胞称外皮层，细胞较小，排列较整齐紧密，最内层靠中柱的细胞则稍小一些，排列较整齐，叫内皮层；中柱的显著特征是维管束成辐射状排列；初生木质部居中心，具多个辐射棱，初生韧皮部夹在初生木质部的辐射棱之间。

根的次生构造观察。观察棉花老根横切片，从外向内逐层观察周皮、初生韧皮部、次生韧皮部、次生木质部、形成层、维管射线和初生木质部。

2. 茎

（1）茎的形态观察（图 4-3）：观察植物茎，重点辨别节、节

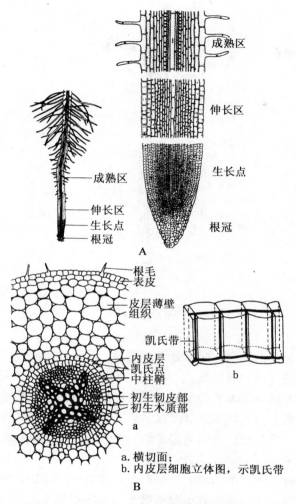

图 4-2　根尖结构（A）和根的初生结构（B）

间、芽、树皮和皮孔等结构。

（2）茎的结构观察：双子叶植物木本茎的结构（图 4-4）。观察椴木茎横切片，由外至内可见到表皮、木栓层、木栓形成层、皮

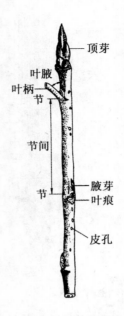

顶芽

叶腋

叶柄

节

节间

节

腋芽

叶痕

皮孔

图 4-3　茎的形态

层、中柱鞘、维管束，注意分辨韧皮部、形成层和木质部。此外还有维管射线、髓和髓射线。

　　双子叶植物草本茎的结构。观察苜蓿茎横切片，由外至内可见到表皮、维管束、髓和髓射线，多个维管束沿靠近表皮的地方排列一周，每个维管束由外侧的韧皮部、中间的形成层和内侧的木质部三部分组成。

　　单子叶植物茎的结构。观察玉米茎横切片，与双子叶植物草本茎结构明显的区别在于其维管束散生，而不是沿表皮下排列一周。散生的每个维管束仅包括韧皮部和木质部两部分。

　　3. 叶

　　（1）被子植物叶的结构：观察海桐叶横切片标本，叶片包括表皮、叶肉和叶脉等基本结构（图 4-5）。表皮细胞近似长方形，其外壁较厚，角质化，并具有角质层；叶肉组织位于上下表皮之

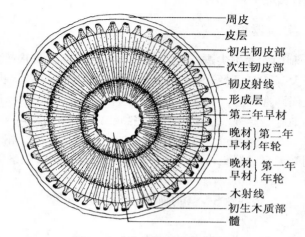

图 4-4　木本植物茎结构轮廓图

周皮
皮层
初生韧皮部
次生韧皮部
韧皮射线
形成层
第三年早材
晚材 } 第二年
早材 } 年轮
晚材 } 第一年
早材 } 年轮
木射线
初生木质部
髓

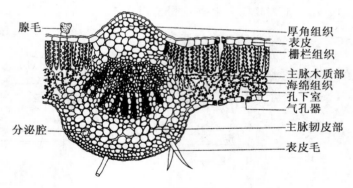

图 4-5　叶横切片示意图

腺毛

厚角组织
表皮
栅栏组织
主脉木质部
海绵组织
孔下室
气孔器
主脉韧皮部
表皮毛

分泌腔

间，紧靠上表皮的是栅栏组织，细胞形状比较规则，是一层长柱形细胞，排列整齐，位于栅栏组织和下表皮之间的是海绵组织，细胞形状不规则，胞间隙较发达；叶脉是叶中的维管束系统，在叶脉中木质部在上方，韧皮部在下方。

海桐叶横切片制片观察。将海桐叶片平放于垫板上，取两片双面刀片对齐，捏紧刀片对海桐叶做垂直横切，挑选合适的切片，做

19

临时水封片观察叶的结构。

六、实验建议

（1）利用大蒜根尖进行有丝分裂观察也可以取得很好的效果，而且由于大蒜不定根多、相对柔软，压片效果更好一些。大蒜根尖有丝分裂周期性明显，每天8～14点取样，能获得大量处于有丝分裂时期的细胞。此外，也可以用碱性品红染色。

（2）本次实验有大量各种类型装片的观察工作，相对枯燥，可以请同学们自行采集一些新鲜材料制片，进行比较观察。

实验5　植物繁殖器官观察

从形态解剖上说，花是节间极短具变态叶（花瓣）以适应生殖机能的枝条。被子植物典型的花通常由花柄、花托、花萼、花冠、雄蕊和雌蕊等几部分组成（图5-1）。

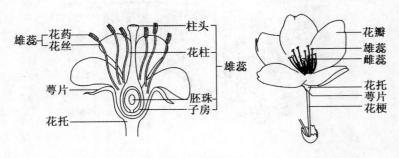

图5-1　花的结构

花柄与花托：花柄是每朵花着生的小枝，它具有支持花的作用，同时也是营养物质由茎运到花的通道。花柄顶端略微膨大的部分为花托，它的节间很短，其上着生有花萼、花冠、雄蕊、雌蕊。

花萼：在花的最外层，由若干萼片组成，萼片多为绿色，能进行光合作用，有保护幼花的功能。大多数植物的萼片各自分离，如油菜，也有的萼片下端联合成萼筒，上端留有几个裂片，如茄子。萼片的数目和形状是植物分类的依据之一。萼片一般为一轮，有时也有两轮的（外轮称为副萼）。

花冠：居于花萼以内，由若干花瓣组成，常含有花青素或杂色体，故呈现种种颜色，以引诱昆虫传粉。花瓣或分或合，故有离瓣花与合瓣花之称。花冠的形状大小依植物种类不同而异。

雄蕊：位于花冠的内方，每一雄蕊由花丝和花药组成。每种植物的花丝一般是等长的。也有植物的花丝长度不一。一般植物的花丝各自离生，但也有些植物的花丝是连合的。花药在花丝顶端，是雄蕊的主要部分，花药通常有四个花粉囊，分为左右两半，中间以药隔相连。花粉囊中产生花粉。一般植物中各雄蕊的花药分离，但有些雄蕊的花药彼此联合而花丝分离，叫聚药雄蕊。

雌蕊：位于花的中央，包括柱头、花柱和子房。柱头是雌蕊顶端接受花粉的地方，常扩展成球状、羽毛状等。柱头常分泌液汁以适应受粉的需要。花柱是柱头与子房间的细棍状部分，它一方面支持着柱头，同时又是花粉管进入子房的通道。雌蕊基部膨大的部分为子房，也是雌蕊最重要的部分，成熟后发育为果实。

几种花的典型结构观察（图5-2）

果实包括果皮和种子两部分。果皮常分外、中、内三层，其结构、色泽和各层发达的程度随植物种类不同而异。有些植物的果皮为膜质或革质，有些富含薄壁细胞，有些则非常坚硬，有很发达的石细胞组织。外果皮常具茸毛或刺。

一、实验目的

（1）通过对花的解剖和观察，了解被子植物花的基本构成和花的多种形态，以及花的各部分在种子和果实形成中的作用。

（2）了解果实、种子的基本构造及类型。

二、实验材料

油菜、蚕豆和菊花等植物的花。

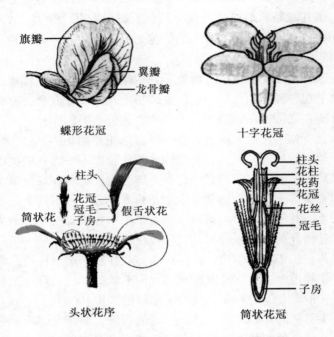

图 5-2　花冠的类型（吴敏、黄诗笺，2001）

番茄，柑橘，桃，蚕豆，油菜，向日葵，稻粒，小麦，玉米，白果等。

三、仪器设备

体视显微镜，放大镜，载玻片，盖玻片，解剖器具等。

四、实验操作与观察

（一）花的观察

按照从下到上，由外到里的顺序观察被子植物花的典型结构。

1. 油菜花

取一朵油菜花，最外围是绿色的花萼，4 片萼片彼此独立，呈辐射对称状排列。花萼内侧的花冠分为 4 片，从顶面看去呈十字

形。用镊子将萼片和花冠一一剥去，可见内部的雄蕊和雌蕊。雄蕊
6 枚围绕着中央的雌蕊。每枚雄蕊由顶端的花药和起支持作用的、
细细的花丝构成。剥去雄蕊后，可见中央的雌蕊由顶端的柱头、中
间的花柱和基部膨大的子房组成。

2. 蚕豆花

蚕豆花的花萼有五片，其基部连合在一起，只是端部呈裂片
状，称为合萼；蚕豆花的花冠也有五片，但形状各不相同，而且互
相分离。从外向内逐一观察，最外面的一片比较大，称为旗瓣，内
侧呈卵形是 2 个翼瓣，最里侧的两个半圆形的花瓣合生在一起，称
为龙骨瓣；蚕豆花的雄蕊有 10 枚花药，但观察花丝的基部，可发
现有 9 枚花丝是连合的，仅一枚独立。雌蕊则位于联合的花丝中
间，用刀片将子房剖开，可见里面有 2 个以上的胚珠存在。

3. 菊花

取菊花一朵，在整个花外围的小花，花冠为两侧对称的假舌状
花，而内侧呈现的密集花丛状，由众多的小花组成，故平常所称的
一朵菊花，实际上是由许多小花按一定的排列顺序，着生在总花柄
上的头状花序。用镊子仔细摘取一朵小花观察，可见其萼片呈毛状
围绕在花冠基部，花冠 5 片连合为筒状（有的菊花内侧的小花为
舌状花）。将花冠剥去，可看到多个雄蕊的花药结合成一体，而花
丝是分离的。中央雌蕊的柱头裂为 2 个。

（二）果实的观察

果实一般分为肉果和干果两大类。

1. 肉果

果皮肉质化（图 5-3）。

浆果：浆果的外果皮呈薄膜状，其余部分均肉质化，充满液
汁，内含多粒种子，如番茄。

柑果：也是浆果的一种。如柑橘，其外果皮为革质，具油囊，
中果皮较疏松，包括橘络。内果皮呈薄膜状，连合成囊，囊内生有
无数肉质多浆的腺毛，构成食用的主要部分，并含数粒种子。

核果：如桃，外果皮坚韧，中间为薄壁多汁的中果皮，内果皮
全由木质化坚硬的石细胞组成。包在种子外面，形成果核。

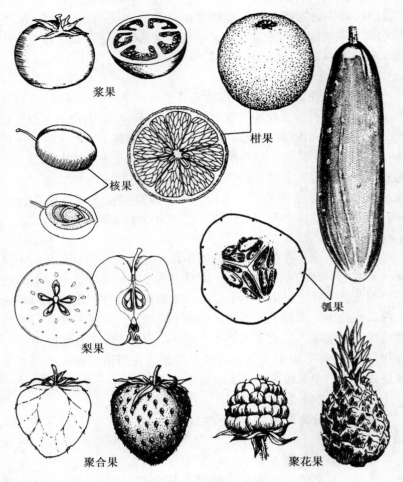

浆果

柑果

核果

瓠果

梨果

瓤果

聚合果　　聚花果

图 5-3　果实类型（肉果）

梨果：梨和苹果的果实叫梨果，它是假果，是由子房和花托愈合在一起发育而成的果实。外果皮和花托没有明显的界线，内果皮很明显，由木质化的厚壁组织组成。

2. 干果

果实成熟时果皮呈干燥状态（图5-4）。

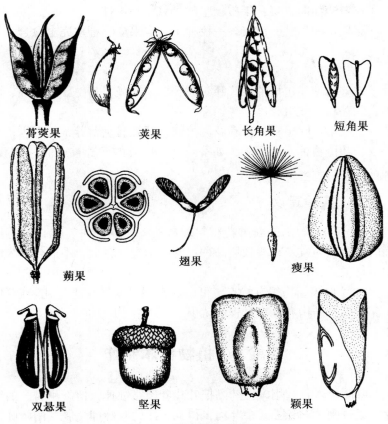

蓇葖果　　莢果　　长角果　　短角果

蒴果　　翅果　　瘦果

双悬果　　坚果　　颖果

图5-4　果实类型（干果）

（1）裂果：成熟时果皮裂开。

莢果：如蚕豆莢，由一心皮发育而成，内含种子数粒。成熟时果皮自背、腹两缝线裂开成两片。

角果：如油菜，由二心皮发育而成，内含种子数粒。特点是具假隔膜，成熟后果皮从两条腹缝线裂开脱落，留存假隔膜。

蒴果：如车前子，由两个以上的心皮发育而成，成熟时果皮横裂为二，上部呈盖状，称为盖裂。

（2）闭果：成熟后果皮不裂开。

瘦果：如向日葵，果皮较坚硬，只含一枚种子。

颖果：如稻粒，也仅含一枚种子，但果皮、种皮完全愈合，不易分开。

（三）种子的观察

完整的种子包括种皮、胚、胚乳3个部分，其中胚由胚根、胚轴、胚芽和子叶组成。

一般单子叶植物都是有胚乳植物，胚乳提供营养，如玉米；有的双子叶植物种子无胚乳，如蚕豆，其胚乳的营养被吸收并贮藏。观察玉米和蚕豆的结构。

五、实验建议

（1）用于解剖的新鲜花材料取材有一定季节性，选择结构明确的完全花为宜。有些栽培品种花的结构变异较大，不适合作为解剖用材料。

（2）白果结构很有特点，可以用来与果实结构进行比较解剖，加深对果实结构和发育过程的认识。

实验6　植物标本制作

叶脉标本是利用碱性药品把叶片叶肉腐蚀掉，留下耐腐蚀的叶脉，通过刷洗，除去残余叶肉，得到干净的叶脉即是制成的叶脉标本。一般选择叶片完整、叶面平整、网状叶脉的叶片，叶龄成熟、纤维发达为宜。

蜡叶标本又称压制标本，是干制植物标本的一种。将采集的带有花、果实的植物的一段带叶枝，或带花、果实的整株植物体，通过覆盖吸水纸，在标本夹中压平，均匀脱水干燥，定形，然后装贴在台纸上，供长期保存研究。

一、实验目的

（1）学习、掌握植物叶脉标本制作方法。
（2）学习、掌握植物蜡叶标本制作方法。

二、实验材料

新鲜桂花树叶，校园常见植物等。

三、仪器设备

烧杯，电炉，大号镊子，牙刷，白瓷盘，玻璃棒，塑料盆，吸水纸（或草纸），标本夹，封塑膜，封塑机。

四、药品试剂

NaOH，Na_2CO_3，各种颜色的染料等。

五、实验操作与观察

（一）植物叶脉标本制作

（1）材料选材：选取叶质较厚、大小适中、叶面平整、叶脉丰富的叶片（如桂花树叶），用清水洗净备用。

（2）称取 35g NaOH 和 25g Na_2CO_3 放入烧杯中，加入 1L 水，使之完全溶解。

（3）把溶液放到电炉上加热，近沸时将叶片浸入溶液内，边加热边搅拌，注意防止暴沸溶液溢出；加热时间长短要根据叶片而定，可以过 2~3min 取一片叶子出来观察，直至叶片变成褐色（或叶肉有脱落）即可。

（4）捞出叶片在塑料盆中流水冲漂洗掉碱液。

（5）将冲洗干净的叶片放在白瓷盘中，加入少许水，用牙刷或者试管刷顺叶脉轻轻地刷净叶肉，刷时注意只向一个方向刷（绝对不能来回刷），以免将叶脉刷坏。刷时先从背面开始，刷净背面再刷正面，主叶脉边沿处可用敲出法。刷洗干净后放到吸水纸（或草纸）上晾干。

（6）根据需要可以用红药水、紫药水、品红等染料对制备好的叶脉进行染色，也可以在叶脉上绘图。

（7）染好颜色后，干燥压平，封塑保存。

（二）植物剥蜡叶标本制作

1. 采集

野外采集植物力求完整（即包括植物体各器官）。草本植物尽可能取其全株，选择大小适中者为好，过小者则可多采几株，禾本科植物的采集应选具有花果的枝端。标本的大小以 35cm×25cm 左右为宜。

2. 标本的记录

对采集标本编号登记，并在标本上挂上标签。及时做好采集记录，详细记录标本的形态特征，尤其要记清易在压制后发生较大变化或变形的一些性状。

3. 标本的压制与制作

将采得的标本适当修剪，展平后压入标本夹内，标本之间用数张吸水用标本纸隔开。一天后进行第一次换纸，同时整理标本，使之定形。以后每日更换干纸，直至水分完全吸去。注意在前几次换纸后上夹时不能压得太紧，待标本稍干后可增大压力。

标本压制好以后，通常用 0.5% 的升汞酒精溶液浸泡 0.5~1min 进行灭菌消毒，再移于备好的台纸上，即所谓"上台纸"。然后用白线或细白纸条或透明胶带在粗的茎上分几处缚压或粘压于台纸上，用透明胶条最方便，直接粘压即可。最后在台纸右下角贴附标签，注明科名、属名、种名、采集时间、采集人以及标本编号等。

六、实验建议

植物蜡叶标本压制干燥过程较长，需要提前安排学生利用课余时间准备。可以选择一些大小、形态合适的标本进行封塑保存。

七、思考题

依据你的经验，如何才能制出好的叶脉标本？

第三部分　动物学实验 I

实验 7　动物组织的制片与观察

根据动物组织的起源、形态结构和功能特点可以分为上皮组织、结缔组织、肌肉组织和神经组织四大类型。

上皮组织是由排列紧密的上皮细胞和少量的细胞间质所组成，覆盖在体表及体内各种管、腔、囊的内表面及某些内脏器官的外表面。具有细胞排列紧密整齐、细胞间质少；细胞具有极性；无血管分布；神经末丰富；细胞游离面常分化出一些特殊结构等特性。具有保护、分泌、吸收、排泄等功能。

肌肉组织由具有收缩能力的肌肉细胞构成。肌肉细胞的形状细长如纤维，特称为肌纤维，其主要功能是收缩，将化学能转化为机械能，形成肌肉的运动。根据肌细胞的形态结构和功能不同特点，肌肉组织又分为骨骼肌、平滑肌和心肌三种。

神经组织由神经元（神经细胞）和神经胶质细胞构成。神经元是神经系统的形态和功能单位，具有感受机体内、外刺激和传导冲动的能力，由胞体和突起构成，突起根据其形态和机能可分为树突和轴突。神经胶质细胞位于神经细胞之间，主要功能是对神经细胞起支持、保护、营养和修补等作用。

结缔组织是动物组织中分布最广、种类最多的一类组织，由多种类型细胞和大量的细胞间质构成。细胞间质包括基质和纤维，形态种类多样。结缔组织可分为疏松结缔组织、致密结缔组织、网状结缔组织、软骨组织、骨组织、脂肪组织、血液等等。具有支持、连接、保护、防御、修复和运输等功能。

真核细胞中有些细胞器经过特殊的染色可以在光学显微镜下观察，如碱性染料詹纳斯绿 B 就可以对线粒体进行专一性活性染色，线粒体的细胞色素氧化酶系统使该染料保持在氧化状态而呈现蓝绿色，从而使线粒体显色，而细胞质中的染料被还原成无色。

一、实验目的

（1）学习动物组织临时装片方法，了解动物四大类基本组织的结构特点。

（2）学习、掌握线粒体活体染色的方法，了解动物细胞的基本结构。

（3）理解动物体结构与机能的关系。

二、实验材料

人口腔黏膜细胞，蛙，蝗虫浸制标本，动物各组织永久装片。

三、仪器设备

显微镜，解剖器具，载玻片，盖玻片，无菌牙签，滤纸，吸水纸，玻片架，染色缸。

四、药品试剂

0.9g/L 生理盐水，10g/L 碘液，0.2g/L 詹纳斯绿 B 染液，蒸馏水，0.5g/L 亚甲基蓝，甲醇，吉姆萨染液。

五、实验操作与观察

（一）动物组织、细胞制片观察

1. 人口腔黏膜上皮细胞的制备与观察

在载玻片中央滴 1 滴 0.9g/L 生理盐水，用无菌牙签扁平的一侧轻轻刮取口腔颊部表层，将白色粘性物质（口腔黏膜上皮细胞）涂布入载玻片上的液滴内，使细胞分散均匀，盖上盖玻片，用吸水纸吸去多余的液体。显微镜下观察口腔黏膜上皮细胞形态特点。盖玻片一侧滴 1 滴 10g/L 碘液，在盖玻片另一侧用吸水纸吸引，使碘液慢慢浸过细胞进行染色，再观察、分辨细胞核、细胞质和细胞膜等基本结构。

2. 口腔黏膜上皮细胞活体染色显示线粒体

将从口腔黏膜刮下的白色粘性物薄而均匀地涂在干净的载玻片上，滴加 1 滴 0.2g/L 詹纳斯绿 B 染液，染色 10~20min，盖上盖玻片。置显微镜下观察，在细胞质中散在一些蓝绿色短杆状和圆形颗粒，即为线粒体。

3. 血涂片标本的制作

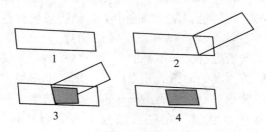

图 7-1　推血膜示意图

取血：左手从蛙背面握蛙，右手持注射器从蛙胸部进针刺入蛙心脏采血。滴 1 滴在干净的载玻片右端。

推片：取另一边缘光滑的载玻片作推片，将其一端斜置于第一块载玻片上血滴的左缘，成 40°左右角度，并稍向右平行移动，至接触血滴，使血液散布在两玻片夹角之间。将推片迅速向左方匀速连续推进，使玻片上留下薄而均匀的血膜（图 7-1）。挥动涂有血膜的玻片，使之尽快干燥，避免细胞皱缩。

染色：晾干后的血片放入盛有甲醇的染色缸内，固定 3~5min，将固定后的血片平放在玻片架上，滴加吉姆萨染液，染色 15~30min，斜置血涂片，在血膜的一端用水细流缓缓洗去染液，晾干后，置显微镜下观察蛙血细胞的形态结构特征。

4. 肌肉分离装片制作

用尖头镊子撕取蝗虫浸制标本胸部肌肉少许，置于载玻片上的水滴中。用解剖针沿肌纤维纵轴仔细分离肌纤维（越细越好），用

0.5g/L亚甲基蓝染色后加盖玻片，于显微镜下观察骨骼肌形态结构。

（二）动物组织装片观察

1. 上皮组织

（1）单层扁平上皮：观察蛙肠系膜平铺片。细胞为多边形，细胞边缘呈锯齿状，相邻细胞彼此相嵌。细胞核扁球形位于细胞中央。

（2）单层立方上皮：取兔甲状腺切片观察。许多大小不等、圆形或椭圆形的红色甲状腺滤泡，滤泡壁由一层立方体形上皮细胞构成，核球形，蓝紫色，位于细胞中央，细胞质粉红色。

（3）单层柱状上皮：观察猫小肠横切片。小肠横切面为一中空圆环状，朝向管腔有突起不平的一面为黏膜面。黏膜面有许多指状突起突向管腔，其表面覆有一层柱状上皮。上皮细胞为柱状，核长椭球形，蓝紫色，靠近细胞的基底部。细胞的游离面有一层较亮的粉红色膜状的纹状缘。在柱状细胞之间散有杯状细胞（图7-2A）。

（4）假复层纤毛柱状上皮：观察兔气管横切片。气管内表面的细胞排列紧密，彼此挤压，细胞形状很不规则。细胞一端都与基膜相连，但另一端高低不一，细胞核位置也高低不等，整个上皮看似复层细胞组织（图7-2B）。

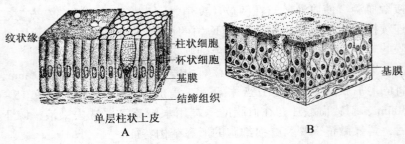

图7-2　假复层纤毛柱状上皮（黄诗笺，2006）

（5）复层扁平上皮：观察猫食管横切片。管壁内层呈浅红色，为复层扁平上皮的部位。管腔面细胞为扁平状，核细长，细胞间的界限模糊不清。向基膜过渡的细胞形状变为多角形，排列不整齐，核扁平。与基膜相连的是一层排列整齐的短状细胞，核球形（图7-3）。

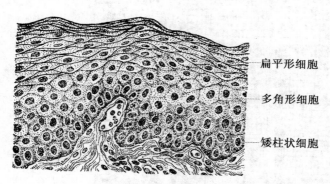

扁平形细胞

多角形细胞

矮柱状细胞

图7-3　复层扁平上皮（黄诗笺，2006）

（6）变移上皮：观察兔膀胱切片。收缩状态的膀胱上皮有多层细胞，表层细胞较大，呈宽立方体形，游离面呈弧形，核大卵形。中间几层细胞为多角形或倒梨形。基部细胞小，呈矮柱状，排列较密。膨胀状态的膀胱上皮变薄，细胞层次减少，有时只有两层，细胞呈扁平或菱形。

2. 肌肉组织

（1）骨骼肌（图7-4）：观察猫骨骼肌切片（纵切和横切）。在纵切装片中，骨骼肌为长条形肌纤维，在肌纤维间有染色较淡的结缔组织。单个骨骼肌纤维呈长圆柱形，其表面有肌膜，肌膜内侧有许多染成蓝紫色的卵圆形细胞核。缩小光圈，使视野不致过亮，可见到每条肌纤维内有很多纵行的细丝状肌原纤维，其上有明暗相间的横纹。

在横切装片中，肌纤维呈多边形或不规则圆形，外有肌膜，细胞核卵圆形紧贴肌膜内侧。肌原纤维呈小红点状，在肌浆内排列不均匀，所以在横切面上呈现小区。很多肌纤维又被肌束膜包围形成肌束。

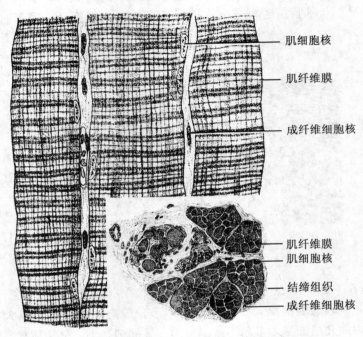

图 7-4 骨骼肌装片纵、横切面（黄诗笺，2001）

（2）心肌：观察狗心肌切片。纵切面上，肌纤维彼此以分支相连构成网状。核卵圆形，位于肌纤维中央。心肌纤维有横纹，但不及骨骼肌明显。在肌纤维及其分支上，可见到染色较深的梯形横线，即闰盘，为心肌特有结构。横切面上，心肌纤维为不规则圆形（图 7-5）。

（3）平滑肌（图 7-6）：观察蛙平滑肌分离装片和猫小肠横切片。蛙分离的平滑肌装片中，平滑肌纤维呈细长棱形，核长椭球形，位于细胞中部。猫小肠横切片中，小肠壁染色较红的肌肉层有纵、横切面的两个层次。在纵切面上，平滑肌纤维呈长棱形，细胞

图 7-5 心肌结构示意图（Eberhard，1990）

核长椭圆形或杆状，深蓝色。细胞质粉红色，均质。在横切面上，可看到许多大小不等、不规则的红色圆点，核蓝紫色球状，位于细胞中央。

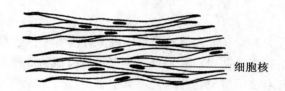

图 7-6 平滑肌结构示意图（Eberhard，1990）

3. 神经组织

（1）神经元：观察兔脊髓横切片。脊髓横切片中央为呈蝴蝶状的灰质，灰质后角较狭，前角较宽。前角内有许多较大的染成深红色的多突起细胞即脊髓前角运动神经元，细胞质淡红色，核大呈囊泡状，居细胞中央，核内有染色较深的核仁。

（2）骨骼肌运动终板：观察兔肋间撕片，可见传出神经纤维染成黑色，形似树枝，分布在平行排列成束、染成蓝紫色的骨骼肌纤维上。末端再行分支成爪状，附着于肌纤维表面，爪状分支端膨大，在与肌纤维附着处形成椭圆形板状隆起，即为运动终板。

4. 结缔组织

（1）疏松结缔组织：观察小家鼠皮下疏松组织平铺片。交叉成网的纤维及散在纤维之间的各种细胞（图 7-7）。

　　　　　　　　　　　　　　　　　　　　成纤维细胞
　　　　　　　　　　　　　　　　　　　　肌纤维

　　　　　　　　　　　　　　　　　　　　嗜酸性细胞
　　　　　　　　　　　　　　　　　　　　组织细胞
　　　　　　　　　　　　　　　　　　　　弹性纤维
　　　　　　　　　　　　　　　　　　　　脂肪细胞
　　　　　　　　　　　　　　　　　　　　肥大细胞
　　　　　　　　　　　　　　　　　　　　浆细胞

图 7-7　疏松结缔组织（黄诗笺，2001）

　　纤维分为胶原纤维和弹性纤维。胶原纤维为粉红色粗细不等的细带状，相互交叉排列，数量较多，有时呈波浪状。弹性纤维为深紫褐色，其末端常呈现卷曲状，纤维粗细不等，比胶原纤维细，单条分布而不成束，有分支，并交织成网。

　　细胞多种多样，主要观察成纤维细胞、巨噬细胞、肥大细胞和浆细胞等。成纤维细胞数量最多，呈多突起星形，胞质染色很浅，细胞轮廓不明显，核大，多为椭球形。巨噬细胞形状不一，细胞质中含有吞噬的台盼蓝颗粒，细胞质染色较深，细胞轮廓较明显，核较小，球形或椭圆形。

　　（2）脂肪组织（图 7-8）：观察猫气管横切片。脂肪细胞呈球形，细胞中充满着被染成橘红色的脂肪滴。细胞质只剩下一薄层。细胞核也被挤压成扁形，靠近细胞膜。

　　（3）致密结缔组织（图 7-9）：观察猫尾腱纵切片。胶原纤维束粗而直，彼此平行排列；腱细胞在纤维束间排列成单行，切面上呈长梭形；核椭球形或杆状，蓝紫色，两个邻近细胞的核常常靠近。

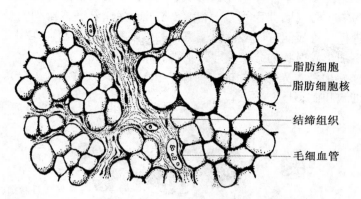

图 7-8　脂肪组织（黄诗笺，2006）

脂肪细胞
脂肪细胞核
结缔组织
毛细血管

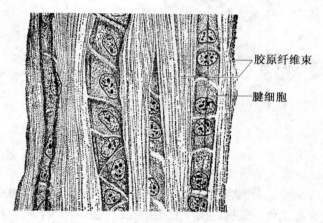

胶原纤维束
腱细胞

图 7-9　致密结缔组织（黄诗笺，2006）

（4）软骨组织：观察猫气管透明软骨横切片。近软骨膜的软骨细胞较小而密，梭形，单个分布，其长轴平行于软骨膜排列。软骨中心部分的软骨细胞较大，呈椭圆形或圆形，常 2～4 个成群分布，软骨细胞存在的地方称陷窝。陷窝周围的基质着色很深，称软骨囊。

（5）骨组织：观察长骨横截面磨片。许多圆形或椭圆形的同心环状结构为骨单位（哈弗氏系统），其中央的一个黑色较大的圆孔，为中央管（哈弗氏管）。骨单位之间还存在着一些排列不规则的间骨板。骨板间有许多棱形呈黑色的骨陷窝，骨陷窝向四周发出的许多细小放射状的分支，即骨小管。

（6）血液：人血涂片标本（图7-10）。观察人血涂片，分辨各种血细胞和血小板。

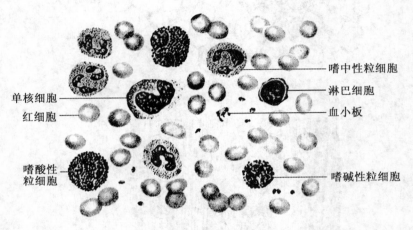

图 7-10 人血涂片标本（黄诗笺，2006）

①红细胞：数量最多，双面凹形，小而圆，无核。

②白细胞：白细胞数量比红细胞少，但胞体大，细胞核明显，一般染成蓝紫色，依据胞质中有无明显的染色颗粒而分为粒细胞和无粒细胞；粒细胞有中性粒细胞、嗜酸性粒细胞和嗜碱性粒细胞3种类型，无粒细胞包括淋巴细胞和单核细胞。

中性粒细胞数量较多，胞质淡红色，并内充满分布均匀的细小淡紫红色颗粒，核通常分2~5叶，叶间有细丝相连。

嗜酸性粒细胞数量较少，胞质中充满橘红色粗大颗粒，核通常分为两叶。

嗜碱性粒细胞数量极少，细胞体积稍小，胞质中分散着许多大小不等的深紫蓝色颗粒，核形状不规则，染色较浅，常被颗粒遮盖。

淋巴细胞数量较多。小淋巴细胞与红细胞大小相近，核球形，占细胞体积的大部分，染色深；胞质极少，只有薄薄的一层，围在核的周围，染成淡蓝色。中淋巴细胞比红细胞大，胞质较小淋巴细胞的稍多，着色较浅。

单核细胞数量少，是血液中体积最大的细胞。胞质淡灰蓝色，核多呈肾形或马蹄形，常在细胞的一侧，着色比淋巴细胞核浅。

③血小板：为形状不规则的细胞小体，其周围部分为浅蓝色，中央有细小的紫色颗粒，常聚集成群，分布于红细胞之间。

六、实验建议

（1）口腔黏膜上皮细胞活体染色显示线粒体实验中，细胞表面也可以观察到一些圆球形或杆状染成深蓝色的颗粒，这些颗粒是附着在口腔黏膜上皮细胞表面的细菌。取样前漱口，可以减少细菌。

（2）蛙血由实验教师或助教采好后，集中为每位同学滴加。

实验 8　原生动物的形态结构与生命活动

原生动物是指真核单细胞、能运动、多营异养的一类简单原始的生物类型。一个个体仅由一个细胞构成，但其单个细胞不同于多细胞动物体内的一个细胞，它们可以其细胞质分化形成的各种细胞器来行使多细胞动物体的全部生命活动，从而成为一个完整的、能独立生活的动物有机体（图 8-1）。

草履虫的形态结构和生命活动充分展现了原生动物的特征。草履虫个体较大，结构典型，观察方便，繁殖快速，易采集培养，是生命科学基础理论研究的理想材料，尤其在细胞生物学、细胞遗传学研究中更具科学价值。

草履虫对各种刺激的反应也说明应激性是原生动物的普遍特性。当草履虫等一些纤毛虫受到强烈刺激时，其刺丝泡就会射出其内含物，射出物遇水成为细丝。用蓝墨水刺激时，在显微镜下就可

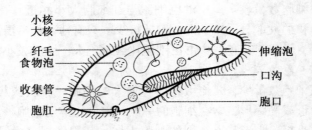

图 8-1　草履虫的形态结构及食物泡的形成

观察到放出的刺丝。

一、实验目的

（1）学习对运动活泼的原生动物观察和实验方法。
（2）了解原生动物的基本特征，认识常见原生动物。
（3）认识原生动物的应激性。

二、实验材料

草履虫培养液，草履虫横分裂及接合生殖的装片，锥虫、团藻、变形虫、喇叭虫、钟虫、棘尾虫等装片或活标本。

三、仪器设备

显微镜，镊子，载玻片，盖玻片，试管，滴管，玻棒，烧杯，滤纸，吸水纸，脱脂棉。

四、药品试剂

蓝黑墨水，10g/L 碘液，蒸馏水。

五、实验操作与观察

（一）草履虫的形态结构与运动
1. 草履虫临时装片的制备

将少许棉花撕成蓬松的纤维网，放在载玻片中部（用于限制草履虫的迅速游动，以便观察），用滴管吸取上层草履虫培养液，滴1滴在棉花纤维网中，盖上盖玻片，吸去多余水分。在低倍镜下观察局限于棉花纤维围成的网格中的草履虫。

2. 草履虫的外形与运动

在低倍镜下，适当将光线调暗，以增加草履虫与背景之间的明暗反差。可见草履虫形似一只倒放的草鞋底。虫体前端钝圆，后端稍尖，体表密布纤毛，体末端纤毛较长。虫体体表有一斜向后行直达体中部的凹沟称口沟，口沟处有较长的纤毛，能把水里的有机颗粒拨进口沟，作为食物进入虫体内，进行细胞内消化。

观察草履虫游动时其周身纤毛如何摆动，草履虫如何游动。

3. 内部构造

利用高倍镜观察草履虫内部构造（图8-1）。虫体的表面是表膜，紧贴表膜的1层细胞质为外质，透明无颗粒，外质内有许多与表膜垂直排列的折光性较强的椭圆形刺丝泡；外质以内的细胞质多颗粒，称为内质。虫体口沟末端有一胞口，胞口后连一深入内质的弯曲短管，称胞咽。内质内大小不同的球形泡，多为食物泡。在虫体的前、后端各有一透明的圆形泡，可以伸缩，为伸缩泡的主泡。当伸缩泡主泡缩小时，可见其周围有6~7个放射状排列的长形透明小管，即伸缩泡的收集管。大草履虫有大、小2个细胞核，位于内质中央。

（二）草履虫应激性实验

刺丝泡的发射。观察完草履虫内部结构后，在盖玻片的一侧滴1滴用蒸馏水稀释20倍的蓝黑墨水，另一侧用吸水纸吸引，使墨水浸过草履虫。显微镜下观察，可见草履虫已射出刺丝，在虫体周围呈乱丝状。

（三）草履虫的生殖

取草履虫无性生殖和接合生殖装片，于低倍显微镜下观察，草履虫的无性生殖是横裂还是纵裂，接合生殖时虫体在何处接合。

取草履虫新鲜培养物，制作临时装片，观察正在进行分裂生殖的虫体的分裂过程。

（四）常见原生动物观察

1. 原生动物装片观察

显微镜下观察锥虫、团藻、变形虫、喇叭虫、钟虫、棘尾虫等装片，了解各种常见原生动物的基本结构特征。

2. 池塘水中原生动物观察

用滴管取 1 滴池塘水，滴加在干净的载玻片上，盖上盖玻片，适当吸干水，低倍镜下观察，依据形态结构特征，分辨原生动物的种类。

绿眼虫：生活在有机质丰富的湖泊、池塘、水沟等中，春夏季温暖时大量繁殖，使水体呈现为绿色。绿眼虫形似纺锤形，虫体前端有一鞭毛，鞭毛能运动；前端顶部有一凹陷，凹陷的前端为胞口，其后为胞咽，胞咽附近有一杯状红色眼点，能感光；虫体内有大量叶绿体，能进行光合作用行自养生活。绿眼虫被动物学家作为鞭毛纲原生动物进行研究，又被植物学家作为鞭毛藻类进行研究。

喇叭虫：生活在富含有机质的淡水中，虫体能伸缩，伸展后形似喇叭，常以柄附着于其它物体表面。为大型纤毛虫，体表布满纤毛，体前端似喇叭口，口缘的许多纤毛愈合成膜状毛，其摆动可将食物颗粒旋转导入胞口内。多数种类具有念珠状大核和伸缩泡，位于体前部一侧。

六、实验建议

（1）取纯培养的草履虫进行实验效果较好。如果需要长期连续培养，应注意及时补加新鲜培养物或者转接，保持合适的种群密度，防止快速生长致种群密度过大，引起草履虫大量死亡。

（2）生活状态下，草履虫位于内质中部的大、小核不易观察到。可用苯酚品红染色，低倍镜下，肾形大核染成红色，高倍镜下，可以在大核凹处观察到染成红色的点状小核。

实验 9　螯虾的形态结构

节肢动物是动物界中种类最多、数量最大、分布最广的一群。通过其代表性动物甲壳纲螯虾的解剖，能了解节肢动物的基本形态结构特征、动物体的结构与机能的适应性。

一、实验目的

（1）学习了解虾类的解剖方法。

（2）了解节肢动物形态结构特征及其与机能的适应性。

二、实验材料

螯虾的新鲜浸制标本。

三、仪器设备

放大镜，解剖器具。

四、实验操作与观察

1. 螯虾的外形观察

将固定保存的螯虾标本用清水冲漂，洗去固定液后再进行观察。螯虾身体分头胸部和腹部，体表为深红色或红黄色的几丁质外骨骼。

（1）头胸部：由 6 节头部和 8 节胸部愈合而成，外被头胸甲，头胸甲约占体长的一半。头胸甲前部中央的三角形突起为额剑，边缘有锯齿，两侧各有一个可自由转动的眼柄，其上各着生一复眼。头胸甲近中部的弧形横沟为颈沟，前为头部，颈沟以后为胸部，两侧部分称鳃盖，鳃盖下为鳃腔。

（2）腹部：6 节体节，其后有尾节。各节的外骨骼可分为背面的背甲，腹面的腹甲及两侧下垂的侧甲。尾节扁平，腹面正中有一纵裂缝，为肛门。

（3）附肢：除第 1 体节和尾节无附肢外，螯虾共 19 对附肢，即每体节 1 对。用放大镜从头至尾可以依次观察到，头部 5 对附肢，分别是小触角、大触角、大颚各 1 对及 2 对小颚；8 对胸部附肢，分别为 3 对颚足和 5 对步足；6 对腹部附肢，第 1～5 对为腹肢，第 6 对为尾肢（图 9-1）。

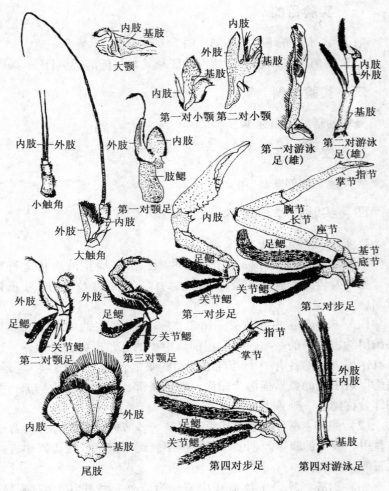

图 9-1 螯虾的附肢（黄诗笺，2001）

2. 螯虾的内部解剖

（1）呼吸器官：用剪刀剪去螯虾头胸甲的右侧鳃盖，即可看到呼吸器官鳃。

用镊子自头胸甲后缘至额剑处，仔细地将头胸甲与其下面的器官剥离开，再用剪刀自头胸甲前部两侧到额剑后剪开并移去头胸甲。然后用剪刀自前向后，沿腹部两侧背甲和侧甲交界处剪开腹部外骨骼。

（2）肌肉：用镊子略掀起背甲，观察肌肉附着于外骨骼内的情况，然后小心地剥离背甲和肌肉的联系，移去背甲，观察腹部背方成束状并成对分布的肌肉。

（3）循环系统：螯虾循环系统为开管式，心脏位于头胸部后部背侧的围心窦内，为半透明、多角形的肌肉囊，用镊子轻轻撕开围心膜即可见到，在心脏的背面、前侧面和腹面，各有一对心孔；用镊子轻轻提起心脏，可见心脏发出的动脉细且透明。

（4）生殖系统：生殖腺位于围心窦腹面，移去心脏，再行观察。

①雄性：精巢 1 对，白色，呈 3 叶状，前部分离为 2 叶，后部合并为 1 叶。每侧精巢发出 1 条细长的输精管，其末端开口于第 5 对步足基部内侧的雄性生殖孔。

②雌性：卵巢 1 对，性成熟时为淡红色或淡绿色，浸制标本呈褐色。颗粒状，也分 3 叶，前部 2 叶，后部 1 叶，其大小随发育时期不同而有很大差别。卵巢向两侧腹面发出一对短小的输卵管，其末端开口于第 3 对步足基部内侧的雌性生殖孔。在第 4、5 对步足间的腹甲上，有一椭圆形突起，中有一纵行开口，内为空囊，即受精囊。

（5）消化系统：移去生殖腺，其下方左右两侧各有一团淡黄色腺体，即为肝脏。剪去一侧肝脏，可见肠管前接囊状的胃。胃可分为位于体前端的贲门胃和其后的幽门胃。剪开胃壁，观察贲门胃内由 3 个钙齿组成的胃磨及幽门胃内刚毛着生的情况。

贲门胃前腹方连有一短管，即食管，食管前端连于由口器包围的口腔。幽门胃后接中肠，中肠很短，1 对肝脏位于其两侧，各以 1 肝管与之相通。中肠之后为贯穿整个腹部的后肠，末端为肛门，开口于尾节腹面。

（6）排泄系统：移去胃和肝脏，在头部腹面大触角基部外骨骼内方，可见到一团扁圆形腺体即触角腺，为成虾的排泄器官，它以宽大而壁薄的膀胱伸出的短管开口于大触角基部腹面的排泄孔。

（7）神经系统：除保留食管外，将其它内脏器官和肌肉全部除去。小心地沿中线剪开胸部底壁，身体腹面正中线处白色条索状物即为腹神经链，由两条神经干愈合而成。用镊子在食管左右两侧小心地剥离，可找到一对白色的围食管神经。沿围食管神经向头端寻找，可见在食管之上，两眼之间有一较大白色块状物，为食管上神经节或脑神经节。围食管神经绕到食管腹面与腹神经链连接处有一大白色结节，为食管下神经节。自食管下神经节，沿腹神经链向后端剥离，可见链上还有多个白色神经节，每一个神经节发出神经到该节的附肢、肌肉或器官上。

五、实验建议

（1）解剖用螯虾，在 95% 乙醇与 10% 甲醛（2∶1）中浸泡 1d 即进行解剖，效果较好。

螯虾的固定保存：为防止螯虾附肢脱落，将螯虾放入密闭的容器中，用氯仿麻醉，也可浸于 10% 乙醇中麻醉。麻醉后，向体内注射含 2% 甘油的 70% 乙醇溶液或 10% 甲醛溶液之后，保存于 70%~80% 乙醇中，或 7% 甲醛与 10% 甘油（1∶1）混合液中，亦可保存在 95% 乙醇与 10% 甲醛（2∶1）并加入少量甘油的混合液中。

（2）每组雌雄个体都应安排，以便于观察比较。螯虾雌雄主要区别在于：雄虾第 5 对步足基部内侧各有 1 雄性生殖孔，第 1 对腹肢为管状交接器，第 2 对腹肢形态有所特化；雌虾第 3 对步足基部内侧各有 1 雌性生殖孔，第 4、5 对步足间的腹甲上，有一椭圆形受精囊，第 1 对腹肢细小，外肢退化。

六、思考题

1. 依据观察结果，归纳总结甲壳类节肢动物适应水生生活的形态结构特征。

2. 探讨节肢动物成为动物界种类最多、分布最广的原因。

实验 10 昆虫标本制作

　　昆虫纲是动物界里最大的一个纲，占整个动物界种数的 80% 以上。大家最为熟悉的一般都是有翅类昆虫，其基本形态特征是，身体分头、胸、腹 3 部分，胸部具 3 对足，1~2 对翅，如蝴蝶、蝗虫、椿象、蝉、蚊蝇等等。适应不同的生存环境，昆虫形态变化较大，昆虫纲分目通常依据口器、触角、足和翅的类型及发育过程中的变态类型。昆虫是一类重要的生物资源，如食用（饲用）昆虫、药用昆虫、传粉昆虫、天敌昆虫、观赏昆虫等等，也可以作为重要的科研材料，如果蝇。良好的昆虫标本不仅具有研究价值，有些还被开发作为商品。

　　目前常见的昆虫标本包括针插标本、浸制标本和琥珀标本等。针插标本一般用于保存成虫标本，展示效果直观，便于研究观察，但标本与空气接触，易受潮生霉和蛀虫侵蚀。浸制标本一般用于幼虫、蛹和卵的保存展示。琥珀标本是模拟自然界琥珀化石的形成过程，用有机材料包埋成虫标本，一般用松香或聚甲基丙烯酸甲酯（有机玻璃）制作。

一、实验目的

（1）学习、了解昆虫针插标本的制作方法。
（2）学习、了解昆虫琥珀标本的制作方法。

二、实验材料

采集的昆虫。

三、仪器设备

　　镊子，昆虫针，三级台，展翅板，整姿台，标本盒，玻璃板，载玻片，恒温箱等。

四、药品试剂

松香或聚甲基丙烯酸甲酯（生、熟单体）。

五、实验操作与观察

（一）针插标本制作

1. 还软

如果是野外采集的昆虫，在制成标本前虫体已经干硬发脆，在标本制作前必须经过还软，以免操作时折断破碎，致标本损毁。在干燥器内底部放少量的水，滴加数滴苯酚或甲醛溶液抑菌，再将需要还软的昆虫放在干燥器内瓷盘上，将盖盖严。一般2~3天虫体即可还软。

2. 插针

依据虫体大小和类型，选择不同的昆虫针。一般昆虫在虫体胸部背侧中胸中央的位置插针，半翅目插小盾板中央偏右处，鞘翅目昆虫在右鞘翅的内前方，但要避开胸足基节窝，使针穿过右侧中足和后足之间。

3. 整姿

为了全面展示昆虫的自然形态特征，在整姿台上将昆虫足、触角等调整为自然姿态，干燥固定；鳞翅目等昆虫，针插后还需展翅，把已插针的标本插在展翅板槽底软木板上，使中间的空隙与虫体相适应，然后将昆虫前后翅充分展平，左右对称，用透明玻璃的纸条压住固定，等标本完全干燥后取下。

4. 定位

整姿标本干燥后，利用三级台对虫体、标签进行定位，转入标本盒保存。在标本盒一角放樟脑块防霉及防蛀蚀。

（二）琥珀标本制作

1. 标本准备

将需包埋的昆虫成虫标本整姿定形，干燥保存备用。

2. 制模

取一块玻璃板做底，用载玻片围边，依据需要的形状拼好外形，在载玻片和玻璃板缝隙中滴少许聚甲基丙烯酸甲酯熟单体，在40℃恒温箱中进行固化，制成模具。

将熟单体沿着模具内壁缓缓注入模具内，4~5mm 厚为宜，如有气泡，用针挑破。置于 40℃恒温箱硬化 12h，取出再注入熟单体约 4~5mm 厚，使模底已聚合的聚甲基丙烯酸甲酯厚度不小于 3mm。

3. 包埋

整姿后的昆虫标本浸入生单体 1h，浸透后，小心地将标本放置在模具中合适的位置（腹面向上较为方便），将熟单体缓缓注入模具，熟单体注入量一般不超过昆虫厚度的 1/2。置于 40℃恒温箱硬化 1~2d，用针试探，当熟单体已凝固但未完全硬化时，可再加入熟单体，每次加料的厚度一般不超过 5mm。同法，置于 40℃恒温箱硬化 1~2d，用针试探，逐次加入熟单体，至包埋的厚度高出虫体 5mm 后，使其完全聚合并硬化。

4. 脱模修整

轻轻敲打，除去载玻片和玻璃底板。用锉刀、磨石等对标本不平整、不光滑的边缘进行锉磨，再用抛光剂等进行抛光，修整好的标本贴上标签。

六、实验建议

（1）新鲜采集标本及时整姿为好，因为干燥的虫体容易碎裂，已干燥的标本需要充分还软后再进行操作。

（2）聚甲基丙烯酸甲酯是一种无色透明的液体，经过加热预聚合成为无色透明的粘稠状液体，这时需保存在低温下（4℃），在高温下会渐渐聚合而硬化。

（3）琥珀标本制作需要尽量排除气泡的影响。昆虫放入模具前，可进行真空抽气除去虫体内的空气，然后立即将虫体浸入生单体中约 1h，使虫体与生单体完全融合，减少注模过程中气泡的产生。逐次注入熟单体时，最好固定在模具的一侧注入，以免不同批次注入的熟单体相互挤压产生不易排出的气泡。

（4）制模的玻璃板和载玻片表面要干净、光滑，否则脱模时标本表面会出现不平整等缺陷。

七、思考题

归纳总结针插标本和琥珀标本制作的操作要点。你更喜欢哪种标本？为什么？

第四部分　动物学实验 II

实验 11　鲤（鲫）鱼的形态结构

鱼类是典型的水生脊椎动物，是脊椎动物中种类最多、数量最大的类群，鲤科是鱼类中最大的一个科。鱼类的流线型体型、鳍运动、鳃呼吸、侧线器官等是在长期的演化过程中产生的适应水生生活的典型特征。

鲤鱼属于硬骨鱼纲、辐鳍亚纲、鲤形目、鲤科、鲤属。鲤鱼的外形测量、活体采血、解剖方法是硬骨鱼实验中常用的技术方法。

一、实验目的

（1）了解鱼类的外形和内部结构及其适应水生生活的特征。
（2）学习掌握鱼类的解剖和活体采血技术。

二、实验材料

活鲤鱼（*Cyprinus carpio*）或鲫鱼（*Carassius auratus*）。

三、仪器设备

解剖盘，解剖器具，直尺，游标卡尺，注射器（5mL），针头（5~6号），试管，棉花等。

四、药品试剂

肝素或其他抗凝剂。

五、实验操作与观察

（一）鱼类尾动脉（静脉）采血

（1）取 1 支无菌的 5mL 注射器和 5（或 6）号针头，吸取少量抗凝血剂（肝素等）润湿针管。

（2）将鱼体腹部朝上，用解剖刀刮去臀鳍后的鱼鳞。用干布擦去鱼鳞部位的水分。

（3）在鱼体尾部臀鳍后约 5mm 处垂直进针，当手感针尖从两相邻尾椎骨的脉棘间穿过，抵达椎体时，即到达尾动脉（静脉）。抽取血液使之进入针管内，抽血速度不宜太快或太慢，以免溶血。抽血完毕，将针头从鱼体内垂直退出。

（4）取下针头，将注射器管口紧靠一干燥试管内壁，将血液缓慢注入试管内。及时用自来水冲洗注射器和针头。

（二）外部形态观察

鲤鱼（或鲫鱼）体呈纺锤形，略侧扁，背部灰黑色，腹部浅白或淡灰。身体可分为头、躯干和尾 3 个部分。

1. 头部

吻端至鳃盖骨后缘为头部。口位于头部前端（口端位），马蹄形，触须 2 对，颌须长约为吻须的 2 倍（鲫鱼无触须）。吻背面有鼻孔一对。眼一对，位于头部两侧，形大而圆，无眼睑。眼后头部两侧为宽扁的鳃盖，鳃盖后缘有膜状的鳃盖膜，籍此覆盖鳃孔。

2. 躯干部和尾部

自鳃盖后缘至肛门为躯干部；自肛门至尾鳍基部最后一枚椎骨为尾部。躯干部和尾部体表被以覆瓦状排列的圆鳞，鳞外覆有一薄层表皮，躯体两侧从鳃盖后缘到尾部，各有 1 条由侧线鳞（具有被侧线孔穿过的鳞片）上的小孔排列成的点线结构，此即侧线。体背和腹侧有鳍，背鳍 1 个，较长，约为躯干的 3/4；臀鳍 1 个，较短；尾鳍末端凹入分成上下相称的两叶，为正尾型；胸鳍 1 对，位于鳃盖后方左右两侧；腹鳍 1 对，位于胸鳍之后，肛门之前，属腹鳍腹位。肛门紧靠臀鳍起点基部前方，紧接肛门后有 1 泄殖孔。

3. 可量性状测量

按图 11-1 所示完成鲤鱼可量性状的测量。

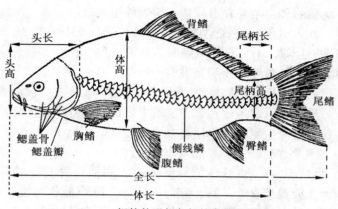

鲤的外形与各部长度的测量

图 11-1　鲤鱼的外形与各部分长度的测量（黄诗笺，2001）

（三）内部解剖与观察

将鲤鱼（或鲫鱼）置解剖盘，使其腹部向上，用手术刀在肛门前与体轴垂直方向切一小口。使鱼侧卧，左侧向上，将剪刀尖插入切口，向背方剪开体壁到脊柱，再沿脊柱下方向前剪至鳃盖后缘，然后沿鳃盖后缘剪至下颌。自切口处夹起左侧体壁，用镊子将体壁与体腔膜剥离开，然后掀开左侧体壁，暴露心脏和内脏。用棉花拭净器官周围的血迹及组织液，原位观察鱼各内脏器官在体部位。

1. 原位观察

在腹腔前方、最后一对鳃弓的腹方，有一小腔，为围心腔，横膈将其与腹腔分开。心脏位于围心腔内，心脏背上方有头肾。在腹腔里，脊柱腹方是白色囊状的鳔，鳔 2 室，覆盖在前、后鳔室之间的三角形暗红色组织，为肾的一部分。鳔的腹方是长形的生殖腺，在成熟个体，雄性为乳白色的精巢，雌性为黄色的卵巢。腹腔腹侧盘曲的管道为肠管，在肠管之间的肠系膜上，有暗红色、散漫状分布的肝胰脏。在肠管和肝胰脏之间一细长红褐色器官为脾脏。

2. 生殖系统

由生殖腺和生殖导管组成。生殖腺外包有极薄的膜。雄性有精巢1对，性未成熟时往往呈淡红色，性成熟时纯白色，呈扁长囊状；雌性有卵巢1对，性未成熟时为淡橙黄色，长带状；性成熟时呈微黄红色，长囊形，几乎充满整个腹腔，内有许多小形卵粒。生殖腺表面的膜向后延伸的短管即输精管或输卵管。左右输精管或输卵管在后端汇合后通入泄殖窦，泄殖窦以泄殖孔开口于体外。观察完毕，移去左侧生殖腺，以便观察消化器官。

3. 消化系统

包括口腔、咽、食管、肠和肛门组成的消化管及肝胰脏和胆囊。此处主要观察食管、肠、肛门和胆囊。肠管最前端接于食管，食管很短，其背面有鳔管通入，并以此为食管和肠的分界点。用圆头镊子将盘曲的肠管展开。肠为体长的2~3倍，肠的前2/3段为小肠，后部为大肠，最后一部分为直肠，直肠以肛门开口于臀鳍基部前方。肠的各部分区别不甚明显。胆囊为一暗绿色的椭圆形囊，位于肠管前部右侧，大部分埋在肝胰脏内。观察完毕，移去消化管及肝胰脏，以便观察其他器官。

4. 鳔

为位于腹腔消化管背方的银白色胶质囊，从头后一直伸展到腹腔后端，分前后两室，后室前端腹面发出一细长的鳔管，通入食管背壁。观察完毕，移去鳔，以便观察排泄系统。

5. 排泄系统

包括肾、输尿管和膀胱。肾紧贴于腹腔背壁正中线两侧，1对，为红褐色狭长形器官，在鳔的前、后室相接处是肾最宽处。每肾的前端体积增大，向左右扩展，进入围心腔，位于心脏的背方，为头肾（拟淋巴器官）。每肾最宽处各通出一细管，即输尿管，沿腹腔背壁后行，在近末端处两管汇合通入膀胱。两输尿管后端汇合后稍扩大形成的囊即为膀胱，其末端开口于泄殖窦。

6. 循环系统

　　心脏位于两胸鳍之间的围心腔内，由动脉球、1 心室、1 心房和静脉窦等组成。心室位于围心腔中央处，淡红色，壁厚，其前端的白色厚壁圆锥形小球体，为动脉球，自动脉球向前发出 1 条较粗大的血管，为腹大动脉。心房位于心室的背侧，暗红色，薄囊状。静脉窦位于心房背侧面，暗红色，壁很薄，不易观察。

　　7. 口腔与咽

　　将剪刀伸入口腔，剪开口角，除掉鳃盖。口腔由上、下颌包围合成，颌无齿，口腔背壁由厚的肌肉组成，表面有黏膜，腔底后半部有一不能活动的三角形舌。口腔之后为咽，咽左右两侧有 5 对鳃裂，相邻鳃裂间生有鳃弓，共 5 对。第 5 对鳃弓特化成咽骨，其内侧着生咽齿。齿式为 1.1.3/3.1.1（鲫鱼仅 1 列咽齿，齿式为 4/4）。

　　8. 鳃

　　鳃是鱼类的呼吸器官。鲤鱼的鳃由鳃弓、鳃耙、鳃片组成，鳃间隔退化。鳃弓位于鳃盖之内，咽的两侧，共 5 对。第 1~4 对鳃弓内缘各有 2 行鳃耙（三角形骨质突起），左右互生，第 1 对鳃弓的外侧鳃耙较长；第 5 对鳃弓只有 1 行鳃耙；第 1~4 对鳃弓外缘并排长有 2 列鳃片，第 5 对鳃弓没有鳃片。薄片状的鳃片，鲜活时呈红色。每个鳃片称半鳃，长在同一鳃弓上的两个半鳃合称全鳃。

　　9. 脑

　　从两眼眶处插入中式剪，沿体长轴方向剪开头部背面骨骼，再在两纵切口的两端间横剪，小心地移去头部背面骨骼，用棉球吸去银色发亮的脑脊液，白色的脑便显露出来。从脑背面观察，端脑由嗅脑和大脑组成，大脑分左右 2 个半球，位于脑的前端，其顶端各伸出 1 条棒状的嗅束，嗅束末端为椭圆形的嗅球，嗅束和嗅球构成嗅脑。中脑位于端脑之后，较大，覆盖在间脑背面，鲤鱼的中脑受小脑瓣所挤而偏向两侧，各成半月形突起，又称视叶（鲫鱼的中脑为 1 对球形视叶）。从脑背面看不到间脑本体，仅在大脑与中脑之间的中央可见到从间脑背面发出的脑上腺（松果体）。小脑位于中脑后方，为一圆球形体，表面光滑，其前方伸出小脑瓣突入中脑（鲫鱼无小脑瓣）。延脑是脑的最后部分，由 1 个面叶和 1 对迷走叶组成，面叶居中，其前部被小脑遮蔽，只能见到其后部，迷走叶较大，左右成对，在小脑的后两侧（鲫鱼有 1 对球形迷走叶位于小脑后方）。延脑后部变窄，连接脊髓。

六、实验建议

（1）尾动脉（静脉）采血对部分同学有些困难，难点在进针后，针尖开口要控制在血管内。进针后，稍上提一点，将针头前后、左右试探，当感觉针头刺入较软的陷窝时即可。可以先用骨骼模型做示范，让同学们体会进针的位置和深度。

（2）使用剪刀剪开体壁时，剪刀尖稍上翘，以免损伤内脏；打开体壁后，观察时尽量用镊子剥离相关器官。

七、思考题

依据解剖观察结果归纳总结鱼类适应于水生生活的形态结构特征。

实验 12　蛙的形态结构

在脊椎动物进化史上，由水生到陆生是一个巨大的飞跃。两栖类是由水生到陆生的过渡类群，其生殖过程仍然离不开水。代表动物蛙的形态结构和生理机能明显地反映了两栖类对陆生的初步适应及不完善性。蛙属动物界、脊索动物门、两栖纲、无尾目。无尾目一般水中受精，受精卵水中孵化，幼体蝌蚪有尾无四肢，鳃呼吸，经变态发育成为成体。成体无尾有四肢，肺呼吸，但肺发育不全，多数需要皮肤辅助呼吸。

一、实验目的

（1）了解两栖类的外形和内部结构及其从水生到陆生生活的过渡特征。

（2）学习掌握两栖类的解剖方法。

二、实验材料

活蛙。

三、仪器设备

体视显微镜，天平，解剖器具，毁髓针，铁丝钩，铁支架，蛙板，蜡盘，棉花等。

四、药品试剂

0.5%硫酸溶液，1%硫酸溶液，200g/L 氨基甲酸乙酯，两栖类用任氏液。

五、实验操作与观察

（一）蛙的外部形态

将活蛙静伏于腊盘内，观察其身体，可分为头、躯干和四肢三部分。

蛙头部扁平，略呈三角形，吻端稍尖。口宽大，横裂形，由上下颌组成。上颌背侧前端有一对外鼻孔，外鼻孔外缘具鼻瓣。眼大而突出，具上、下眼睑，下眼睑内侧有一半透明的瞬膜。两眼后方各有一圆形鼓膜。雄蛙口角后方各有一浅褐色膜襞为声囊，鸣叫时鼓成泡状。鼓膜之后为躯干部。蛙的躯干部短而宽，躯干后端两腿之间，偏背侧有一小孔，为泄殖腔孔。蛙前肢短小，从近体侧起，依次区分为上臂、前臂、腕、掌、指五部。四指，指间无蹼，指端无爪。生殖季节雄蛙第一指基部内侧有一膨大突起，称婚瘤，为抱对之用。后肢长而发达，从近体侧起，依次区分为股、胫、跗、跖、趾五部。五趾，趾间有蹼。第一趾内侧有一较硬的角质化突起，称踝状距。

蛙背面皮肤粗糙，背中央常有一条窄而色浅的纵纹，两侧各有一条色浅的背侧褶。背面皮肤颜色变异较大，有黄绿、深绿、灰棕色等，并有不规则黑斑。腹面皮肤光滑，白色。活蛙的皮肤，有粘滑感，其粘液由皮肤腺所分泌，保存湿润，辅助呼吸。

（二）脊髓反射及反射弧的分析

1. 制备脊蛙

左手握蛙，背部向上，无名指和小指夹住后肢，拇指按其背部，食指下压其吻端，使头前俯，头与脊柱相连处凸起。右手持毁髓针自两眼之间沿中线向后端触划，当触到一凹陷时，将针头由凹陷处垂直刺入，然后左右横断脑和脊髓的联系，再将针尖朝向头端，针体与颅顶平行，穿过枕骨大孔向前刺入颅腔，并在颅腔内搅动捣毁脑髓。原路退出毁髓针。

2. 脊蛙处理

用铁丝钩穿过脊蛙下颌，悬挂在支架上，用烧杯内清水浸洗蛙体，使皮肤湿润，防止干燥。刚施过手术的脊蛙，进入无反应的休克状态，不能马上进行实验，待蛙体安静 5~10min 后，其脊髓反射逐渐出现。

3. 脊髓反射的观察

屈反射：将蛙右后肢最长趾浸入培养皿内 0.5% 硫酸溶液中，右后肢收缩，立即用烧杯内清水洗净脚趾上的残余硫酸，并用纱布轻轻擦去水滴，重复该试验 3 次，每次用秒表记录从趾尖浸入起到屈反射出现所需时间，其平均值为蛙右后肢最长趾屈反射的反射时。

搔扒反射：用浸有 1% 硫酸溶液的滤纸片贴在蛙左侧背部皮肤上，蛙立即用左后肢除去纸片，此为搔扒反射。重复该试验 3 次，每次用秒表记录从滤纸片贴于蛙背部皮肤时起至其后肢刚开始提起时所需的时间，其平均值即为搔扒反射的反射时。

每次实验后均要及时用清水将蛙体上残余硫酸洗净。

4. 毁脊髓

将毁髓针由原进针处插入，然后针头向后插入椎管，捣毁脊髓。重复酸刺激，观察有无反射发生。

（三）蛙类微循环的观察

蛙的肠系膜、后肢足蹼等部位的组织较薄，适合制备微循环观察标本。

蛙肠系膜标本的制备：取 1 只蛙，称重后于其皮下淋巴囊注入

200g/L 氨基甲酸乙酯（2~3mg/g 体重），10~15min，动物即进入麻醉状态。将已麻醉的蛙背位固定于蛙板上，使其身体左侧紧靠蛙板上的小孔。用镊子轻轻提起左侧腹壁，再用剪刀在腹壁上剪一长约 1cm 的纵向切口。轻轻拉出小肠袢，将肠系膜展开过孔，并用大头针固定在蛙板上（图 12-1）。小肠袢不能绷得太紧，以免拉破肠系膜或阻断血流，另需要适量任氏液润湿肠系膜，以免干燥，影响血液循环。

图 12-1　蛙肠系膜微循环（黄诗笺，2001）

　　用蛙足蹼作观察标本时，则用大头针将麻醉的蛙固定在蛙板上，将蛙两足趾展开，使趾蹼过孔，用大头针固定。

　　将标本置体视显微镜或低倍镜下观察。可见有许多纵横交错粗细不等的血管。根据血管的粗细和分支情况、血流方向和血流特征，可区别小动脉、小静脉和毛细血管。

　　动脉血流的观察：在镜下移动标本直到发现血液由 1 支血管流向两分支血管，这段血管就是小动脉。注意观察管中血流速度，有快慢波动，有轴流现象（血细胞在血管中央流动）。

静脉血流的观察：移动标本直到发现血流由两支血管汇入 1 支血管，这两个分支血管就是小静脉。观察管内血流有无快慢波动和轴流现象，比较动脉和静脉内血流的速度。

毛细血管血流的观察：管径最小，透明，近乎无色的血管即毛细血管。在高倍镜下可见红细胞以单排成串的形式在管内移动，或断断续续地单个移动。

（四）蛙的内部构造

1. 口咽腔

为消化和呼吸系统共同的器官。将双毁髓蛙置蜡盘内，用剪刀剪开左右口角至鼓膜下方，令口咽腔全部露出。

舌：用镊子将蛙的下颌拉下，可见口腔底部中央有一柔软的肌肉质舌，其基部着生在下颌前端内侧，舌尖向后伸向咽部。用镊子轻轻将舌从口腔内向外翻拉出展平，可看到蛙的舌尖分叉，用手指触舌面有黏滑感。

内鼻孔：1 对椭圆形孔，位于口腔顶壁近吻端处，外鼻孔与内鼻孔相通。

齿：沿上颌边缘有一行细而尖的牙齿，齿尖向后，即颌齿；在 1 对内鼻孔之间有两丛细齿，为犁齿。

耳咽管孔：位于口腔顶壁两侧，口角附近的 1 对大孔，为耳咽管开口，用镊子由此孔轻轻探入，可通到鼓膜。

声囊孔：雄蛙口腔底部两侧口角处，耳咽管孔稍前方，有 1 对声囊孔。

喉门：在舌尖后方，咽的腹面有 1 圆形突起，该突起由 1 对半圆形杓状软骨构成，两软骨间的纵裂即喉门，是喉气管室在咽部的开口。

食道口：喉门的背侧，咽的最后部位即食道前端的开口，为一雏襞状开口。

2. 内部解剖及原位观察

观察完口咽腔后，将双毁髓蛙腹面向上四肢展开，在掌部用大头针固定于蜡盘内。用镊子夹起两后肢基部之间、泄殖腔孔稍前方的腹部皮肤，剪开一切口，由此处沿腹中线向前剪开皮肤，直至下颌前端。再将两后肢基部之间的腹直肌后端提起，用剪刀沿腹中线稍偏左自后向前剪开腹壁（这样不致损毁位于腹中线上的腹静脉），剪至剑胸骨处时，沿剑胸骨的两侧斜剪，剪断乌喙骨和肩胛骨。用镊子轻轻提起剑胸骨，仔细剥离胸骨与围心膜间的结缔组织，最后剪去胸壁。将腹壁中线处的腹静脉从腹壁上剥离开，再将腹壁向两侧翻开，用大头针固定在蜡盘上。原位观察，可见位于体腔前端的心脏、心脏两侧的肺囊、心脏后方的肝脏，以及胃、膀胱等器官。

3. 消化系统

肝脏：红褐色，位于体腔前端，心脏的后方，由较大的左右 2 叶和较小的中叶组成。在中叶背面，左右 2 叶之间有一绿色圆形小体，即胆囊，胆汁经总输胆管进入十二指肠。提起十二指肠，用手指挤压胆囊，可见有暗绿色胆汁经总输胆管而入十二指肠。

食道：将心脏和左叶肝脏推向右侧，可见心脏背方有一乳白色短管与胃相连，此管即食道。

胃：为食道后端所连的一个稍弯曲的膨大囊状体，部分被肝脏遮盖。胃与食道相连处称贲门，胃与小肠交接处紧缩变窄，为幽门。

肠：可分小肠和大肠两部。小肠自幽门后开始，向右前方伸出的一段为十二指肠，其后向右后方弯转并继而盘曲在体腔右后部，为回肠。大肠接于回肠，膨大而陡直，又称直肠，直肠向后通泄殖腔，以泄殖腔孔开口于体外。

胰脏：为一条长形不规则的淡红色或黄白色的腺体，位于胃和十二指肠间的弯曲处。

脾：在直肠前端的肠系膜上，有一红褐色球状物，即脾，属淋巴器官，与消化无关。

4. 呼吸系统

成蛙为肺皮呼吸。肺呼吸的器官有鼻腔、口腔、喉气管室和肺，其中鼻腔和口腔已于口咽腔处观察过。

喉气管室：左手持镊轻轻将心脏后移，右手用钝头镊子自咽部喉门处通入，可见心脏背方一短粗略透明的管子，即喉气管室，其后端通入肺。

肺：为位于心脏两侧的1对粉红色、近椭圆形的薄壁囊状物。剪开肺壁可见其内表面呈蜂窝状，其上密布微血管。

5. 泄殖系统

将消化系统移向一侧，再行观察。蛙为雌雄异体。

（1）排泄器官：

肾脏：1对红褐色长而扁平分叶的器官，位于体腔后部，紧贴背壁脊柱的两侧，将其表面的腹腔膜剥离开，即清楚可见（肾的腹面有一条橙黄色的肾上腺，为内分泌腺体）。

输尿管：为两肾外缘近后端发出的1对薄壁的细管，它们向后伸延，分别通入泄殖腔背壁。

膀胱：位于体腔后端腹面中央，连附于泄殖腔腹壁的一个两叶状薄壁囊。膀胱被尿液充盈时，其形状明显可见，当膀胱空虚时，用镊子将它放平展开，也可看到其形状。

泄殖腔：为粪、尿和生殖细胞共同排出的通道，以单一的泄殖腔孔开口于体外。沿腹中线剪开耻骨，暴露泄殖腔。

（2）雄性生殖器官：

精巢：1对，位于肾脏腹面内侧，近白色、卵圆形，其大小随个体和季节的不同而有差异。

输精小管和输精管：用镊子轻轻提起精巢，可见由精巢内侧发出的许多细管即输精小管，它们通入肾脏前端。所以雄蛙的输尿管兼输精。

脂肪体：位于精巢前端的黄色指状体，其体积大小在不同季节里变化很大。

（3）雌性生殖器官：

卵巢：1对，位于肾脏前端腹面。形状大小因季节不同而变化很大，在生殖季节极度膨大，内有大量黑色卵，未成熟时淡黄色。

输卵管：为1对长而迂曲的管子，乳白色，位于输尿管外侧。其前端以喇叭状开口于体腔；后端在接近泄殖腔处膨大成囊状，称为"子宫"，"子宫"开口于泄殖腔背壁。

脂肪体：1 对，与雄性的相似，黄色，指状，临近冬眠季节时体积很大。

6. 心脏及其周围血管

心脏位于体腔前端胸骨背面，被包在围心腔内，其后是红褐色的肝脏。在心脏腹面用镊子夹起半透明的围心膜并剪开，心脏便暴露出来。心房为心脏前部的 2 个薄壁有皱襞的囊状体，左右各 1。心室 1 个，连于心房之后的厚壁部分，圆锥形，心室尖向后。在两心房和心室交界处有一明显的凹沟，称冠状沟，紧贴冠状沟有黄色脂肪体。动脉圆锥由心室腹面右上方发出的 1 条较粗的肌质管，色淡。其后端稍膨大，与心室相通。其前端分为两支，即左右动脉干。静脉窦在心脏背面，为一暗红色三角形的薄壁囊。在心房和静脉窦之间有一条白色半月形界线即窦房沟。其左右两个前角分别连接左右前大静脉，后角连接后大静脉。静脉窦开口于右心房。在静脉窦的前缘左侧，有很细的肺静脉注入左心房。

心脏内部结构的观察。在心房和心室之间有一房室孔，以沟通心室与心房，在房室孔周围可见有 2 片大型和 2 片小型的膜状瓣，称房室瓣。在心室和动脉圆锥之间也有 1 对半月形的瓣膜，称半月瓣。此外，在动脉圆锥内有一个腹面游离的纵行瓣膜，称螺旋瓣。

六、实验建议

（1）如室温较低，脊髓反射实验效果不理想时，可于毁脑髓前和休克时将蛙放在 30~40℃ 温水里浸浴 2~3min，以增强其代谢活性，保证实验效果。

（2）制备脊蛙毁脑髓时，如果蛙未出现后肢挣扎而后松软下垂及休克现象，即表明脑髓毁未完全捣毁，则需重新毁脑髓。毁脑髓时，关键在于进针部位，建议讲授时兼用蛙的骨骼标本解析。

七、思考题

（1）根据实验观察，说明不同类型血管的形态和血流特点适应于其生理机能。

（2）通过实验总结两栖类初步适应陆生生活及适应又不完善

的形态结构特征。

实验 13 家鸽的形态结构

鸟类是体表被羽，前肢特化成翼，具气质骨和双重呼吸等特征的适应飞翔生活的陆生脊椎动物，同时，鸟类具有高而稳定的体温和羊膜卵，又使之成为分布最广、种类最多的高等陆生脊椎动物类群。

通过对家鸽外部形态和内部构造的观察和比较，有助于理解鸟类的进化与适应特征，以及生物体结构与功能的统一、生物与环境的统一等生物学原理。

一、实验目的

（1）通过家鸽外形和内部结构的观察，了解鸟类适应飞翔生活的一般特征。

（2）学习、掌握鸟类的一般解剖方法和活体采血技术。

二、实验材料

家鸽（*Columba livia*）。

三、仪器设备

解剖盘，解剖器具，直尺，游标卡尺，注射器（5mL），针头（5~6号），棉花，试管等。

四、药品试剂

肝素或其它抗凝剂，75%乙醇，乙醚或氯仿。

五、实验操作与观察

（一）采血

1. 翼根静脉采血

（1）取洗净干燥的 5mL 注射器，装上 5 号针头，吸取少量肝素润湿针头和针筒备用。

（2）将鸽腿用绳子扎紧，展开一侧翅膀，露出腋窝部。拔去该部位羽毛，便可见明显的翼根静脉。以 75% 乙醇消毒该部位皮肤，然后用左手拇指和食指压迫此静脉向心端，使血管扩张。

（3）右手持注射器，针尖斜面向上，沿离心方向刺入血管后，平行伸入翼根静脉，慢慢抽取血液。取血完毕，将针头平行退出血管，用消毒干棉球轻压止血。

（4）取下针头，注射器管口紧靠干燥的试管内壁，将血液缓缓注入试管内。

（5）采血完毕，及时用清水冲洗注射器和针头。

2. 心脏采血

（1）用绳子扎紧鸽腿和鸽翅。用纱布或棉花蘸取热水润湿左侧胸部的羽毛和皮肤，拔去相应于心脏部位的羽毛。

（2）将鸽的左体侧向上横卧于解剖盘内，头向左侧固定。

（3）触摸心搏，确定心脏位置。在与胸骨最突出点平行、距该突出点 2cm 左右处为适宜的进针部位。消毒该部位皮肤，将连有注射器的 6 号针头刺入心脏，稳定针头，缓缓回抽针栓，抽取所需血量，然后拔出针头，用消毒干棉球轻压止血。

（4）、（5）操作同前。

（二）外部形态观察

家鸽身体呈纺锤形，体外被羽，具流线型的外廓。身体可分为头、颈、躯干、尾、附肢等部分。头部圆形，前端为长形角质喙，上喙基部有一隆起的软膜即蜡膜，蜡膜下方两侧各有一裂缝状外鼻孔。眼大，有可活动的眼睑及半透明的瞬膜。耳位于眼的后下方，已有外耳道形成，耳孔被耳羽掩盖。

颈长，活动性大，躯干卵圆形，不能弯曲。两对附肢，前肢特化为翼，后肢下端部分被以角质鳞，趾 4 个，趾端具爪，三前一后为常态足。尾缩短成小的肉质突起，其背面两侧突起的皮下有尾脂腺，尾基腹面有泄殖腔孔。

按形态结构可将羽毛分为三种类型。正羽，即覆盖在体外的大型羽片；绒羽，位于正羽下面，松散似绒；纤羽（毛羽），外形如毛发，拔去正羽和绒羽后即可见到。

（三）内部解剖与观察

1. 处死

用窒息法或麻醉法处死。一手握住家鸽双翼并紧压腋部，另一手以拇指和食指堵住外鼻孔，中指托住颏部，使鼻孔与口均闭塞，致其窒息而死；或用少量脱脂棉浸以乙醚或氯仿缠于鸽喙基，使其麻醉致死。

2. 解剖

将鸽背位置于解剖盘中，用水打湿腹侧羽毛，一手压住皮肤，另一手顺向拔去颈、胸和腹部的羽毛。用手术刀沿龙骨突起切开皮肤，将手术剪插入皮肤切口，向前剪开皮肤至喙基，后至泄殖腔孔前缘。用刀柄分离皮肤和肌肉，向两侧拉开皮肤，即可看到气管、食管、嗉囊和胸大肌。用手术剪在胸骨基部横向剪开体壁，用骨剪或中式剪沿胸骨两侧、胸骨与肋骨连接处剪断肋骨，继而剪断鸟喙骨与叉骨连接处，用镊子分离胸壁与内脏器官间的结缔组织后，剪去胸壁。再向后剪开腹壁，直至泄殖腔孔前缘，将腹壁向身体两侧拉开。原位观察各器官在体内的位置和形态。

3. 内部构造的观察

（1）消化系统：包括消化管和消化腺。

消化管：上、下颌具角质喙。剪开口角观察，口腔内无齿，其顶部有一黏膜纵裂缝，内鼻孔开口于此；口腔底部有舌，其前端呈箭头状，尖端角质化；口腔后部为咽。咽后一薄壁长管为食管，沿颈腹面左侧下行，在颈基部膨大成嗉囊。鸟类胃由腺胃和肌胃组成，腺胃又称前胃，其前端与嗉囊相连，呈长纺锤形，掀开肝脏即可见，剪开腺胃观察，内壁上有许多乳状突，其上有消化腺开口；肌胃又称砂囊，为一扁圆形的肌肉囊，剖开肌胃，可见胃壁为很厚的肌肉壁，其内表面覆有硬的角质膜，呈黄绿色，胃内有许多砂石。在腺胃和肌胃交界处，由肌胃通出一小段呈"U"形弯曲的小肠为十二指肠。十二指肠后为空肠和回肠，细长盘曲，最后与短的直肠相连通。直肠（大肠）短而直，末端开口于泄殖腔。在直肠与小肠交界处，有 1 对豆状盲肠。

消化腺：略展开十二指肠"U"形弯曲之间的肠系膜可见淡黄色、条块状的胰脏。肝脏位于心脏后方，红褐色，分左右两叶，掀开右叶，在其背面近中央处伸出两条胆管（鸽无胆囊），通入十二指肠。

此外，在肝胃间的系膜上有一紫红色、近椭圆形的脾脏，为造血器官。

（2）呼吸系统：包括呼吸道、肺和气囊。

呼吸道：外鼻孔开口于蜡膜前下方。内鼻孔位于口腔顶部黏膜纵裂缝内。舌根之后为喉，中央的纵裂为喉门。喉门后是由环状软骨环支撑的气管，向后分为左、右两支气管入肺，左、右支气管分叉处有一较膨大的鸣管，是鸟类特有的发声器。

肺：左右两叶，淡红色，海绵状，紧贴在胸腔背方的脊柱两侧。

气囊：膜状囊，分布于颈、胸、腹和骨骼的内部（可在剖开体腔后，从喉门插入玻璃管，吹入空气后结扎气管，以使气囊及肺胀大而便于观察）。鸟类借助气囊进行双重呼吸。

（3）循环系统：主要观察心脏及其周围与之通连的血管。

心脏：位于胸腔内。用镊子拉起心包膜，纵向剪开并除去心包膜，可见心脏呈圆锥形，并被脂肪带分成前后两部分，前面褐红色的扩大部分是心房，后面颜色较浅者为心室。观察动、静脉系统后，取下心脏进行解剖，观察其内部构造。

动脉系统：稍提起心脏，可见由左心室发出向右弯曲的右体动脉弓，它向前分出二支较粗的无名动脉。左右无名动脉又各分出二支动脉，向前的一支是颈总动脉，外侧的一支是锁骨下动脉。用镊子轻轻提起右侧的无名动脉，将心脏略往下拉，可见右体动脉弓转向背侧后，成为背大动脉。再将左右无名动脉略提起，可见右心室发出的肺动脉分成左、右二支后，左肺动脉直接进入左肺，右肺动脉绕向背侧，从主动脉弯曲处后面进入右肺。

静脉系统：体静脉由 2 条前大静脉和 1 条后大静脉构成，在左、右心房前方 2 条粗而短的静脉干为前大静脉，它由颈静脉、锁骨下静脉和胸静脉汇合而成。将心脏翻向前方，可见两条前大静脉的后端都入右心房，还可见由肝脏右叶前缘通入右心房的 1 条粗大血管，即后大静脉。左、右肺各伸出 1 条肺静脉（有时有 2 条），于前大静脉背方进入左心房。

（4）泌尿生殖系统：将消化管移到身体一侧，再行观察。

泌尿器官：肾脏左右 1 对，紫褐色，长扁形，各分为 2 叶，贴附于体腔背壁，每肾发出一输尿管向后行，通入泄殖腔。无膀胱。

泄殖腔：为消化、泌尿生殖系统最终汇入的一个共同腔。球形，以泄殖腔孔与外界相通。在泄殖腔背面有一黄色圆形盲囊，与泄殖腔相通，称腔上囊，是鸟类特有的淋巴器官。

雄性生殖器官：睾丸 1 对，乳白色，卵圆形，位于肾脏前端。输精管由睾丸后内侧伸出，细长而弯曲，向后延伸与输尿管平行进入泄殖腔。

雌性生殖器官：右侧卵巢、输卵管退化。左侧卵巢位于左肾前半部腹面，其内有卵泡。卵巢左后侧附近有弯曲的输卵管，其前端为喇叭口，靠近卵巢，开口于腹腔，后端通入泄殖腔。

六、实验建议

（1）剪至嗉囊处皮肤时，建议将皮肤与嗉囊壁分离开后再剪开皮肤，以免剪破嗉囊壁致囊内食物泄出而影响观察。

（2）气囊壁薄，解剖过程中易被破坏。建议剪开体壁、暴露体腔后，先观察气囊，以免先观察其他器官撕破了气囊而致观察不到气囊。

（3）鸟类盲肠因食性不同，差异较大。家鸽的 1 对盲肠较小，豆状，而家鸡、鸭的盲肠较发达。此外，其它鸟类一般有胆囊。

七、思考题

依据解剖观察结果，归纳总结鸟类适应于飞翔生活的形态结构特征。

实验 14　小白鼠和家兔的形态结构

哺乳动物是全身被毛、运动快速、恒温、胎生和哺乳的脊椎动物，是在进化中获得极大成功的最高等动物类群。代表动物小白鼠、家兔的外形和内部构造反映了哺乳动物一系列进步性特征，其解剖方法是哺乳类的基本解剖技术。小白鼠和家兔是生命科学、药物、医学等研究中应用最为广泛的实验动物。

一、实验目的

（1）了解哺乳类的外形和内部结构特征。
（2）学习、掌握哺乳类动物的一般解剖方法。

二、实验材料

小白鼠（*Mus musculus*），家兔（*Oryctolagus cuniculus*）。

三、仪器设备

解剖器具，解剖盘，蜡盘，木制兔笼，兔解剖台，大头针，注射器，棉花等。

四、药品试剂

75%乙醇。

五、实验操作与观察

I　小白鼠的实验

（一）颈椎脱臼法处死小白鼠

将小白鼠置桌面上，一只手用拇指和食指捏住小白鼠头的后部（颅骨基部），稍用力下压；另一只手抓鼠尾，稍用力向后上方拉（图 14-1），两手同时用力，即可使小白鼠颈椎脱臼脊髓断裂，瞬时死亡。

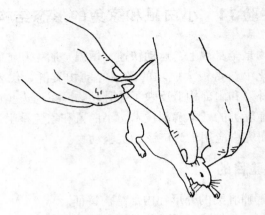

图 14-1　颈椎脱臼法（黄诗笺，2001）

（二）外形观察

小白鼠身体分为头、颈、躯干、四肢和尾 5 部分。

头部为长形；眼有上下眼睑；1 对大而薄的外耳；鼻孔 1 对；鼻孔下方为口，口有肉质的唇。有明显的颈部，活动自如。躯干长而背面弯曲；腹面末端有外生殖器和肛门。前肢肘部向后弯曲，具五指；后肢膝部向前弯曲，具 5 趾；指（趾）端具爪。尾长约与体长相等，有平衡、散热和自卫功能。

雄鼠外生殖器突起，较雌性大，与肛门距离较大。用镊子夹其生殖器，可见到阴茎凸出，成鼠可见到阴囊。雌鼠外生殖器与肛门距离显著缩短，在阴道口和肛门之间有一无毛小沟，雌性成鼠体腹有明显的乳头。

（三）内部解剖与观察

1. 解剖

（1）将处死的小白鼠腹面向上，四肢展开，用大头针从四肢掌部钉入，将小白鼠固定于蜡盘中。用棉球蘸水擦湿腹中线上的毛，然后用镊子在外生殖器稍前处提起皮肤，沿腹中线向前剪开皮肤，直至下颌底；再从四肢内侧沿肢体方向剪开皮肤。

（2）一手持镊沿皮肤切口边缘提起皮肤，另一手持尖头镊子于皮肤和肌肉之间划剥结缔组织，以分离肌肉和皮肤。将剥开的皮肤向身体两侧展开，用大头针固定。

（3）一手持镊提起外生殖器前方腹壁，另一手持剪沿腹中线剪开腹壁至胸骨剑突，沿胸骨两侧剪断肋骨至第 2 肋骨。用镊子剥离胸骨内方与内脏器官之间的结缔组织后，剪去胸骨体。用镊子提起胸骨柄，剪断第 1 肋骨的胸肋段，去胸骨柄。再用镊子撕开颈部肌肉至下颌。沿边缘剪开横膈与体壁的联系，将腹壁肌肉向两侧展开，用大头针固定。

2. 消化系统

（1）口腔：沿口角剪开颊部及下颌骨与头骨的关节，打开口腔。口腔底有肌肉质舌，上下颌各有 2 个门齿和 6 个臼齿，无犬齿和前臼齿，其齿式为 2（1 · 0 · 0 · 3/1 · 0 · 0 · 3）= 16。门齿发达，能终身不断地生长。

分离颈部的气管与其背面食管之间的结缔组织至胸腔。原位观察各消化器官的位置。

（2）消化管：食管位于气管背面，后行穿过横膈与胃相连，胃呈弯曲袋状。肠分为小肠和大肠，小肠分为十二指肠、空肠和回肠。十二指肠紧接胃，其后为空肠和回肠，回肠末端与大肠和盲肠连接，盲肠呈短弯刀形，其盲端为蚓突；大肠分为结肠和直肠，直肠进入盆腔，开口于肛门。

（3）消化腺：大型管外消化腺有位于颌部腹面两侧的 1 对颌下腺、腹腔内的肝脏和胰脏。肝脏在横膈膜下，有 4 叶（中、左、右和尾叶），注意观察胆囊的位置；胰脏在十二指肠弯曲处，粉红色。

将胃拨到右侧，在其左侧可以见到红褐色长椭圆形的脾脏。

3. 循环系统

心脏位于两肺之间的围心腔内，略呈倒圆锥形，用眼科镊提起围心膜，用眼科剪剪开围心膜。幼鼠心脏上半部被 2 叶淡红色胸腺覆盖，须除去胸腺后再剪开围心膜。

心脏及周围大血管与兔的相似。体动脉弓一般向左后方弯转的弓形处向前发出 3 支动脉，自右向左分别为无名动脉、左总颈动脉和左锁骨下动脉。无名动脉向前延伸不久即分成右总颈动脉和右锁骨下动脉。

4. 呼吸系统

在颈部可以观察到有软骨环支撑的气管。将心脏翻向前方，可观察气管后行进入胸腔后分为左右支气管分别通入两肺。左右肺分别位于胸腔两侧，淡红色，海绵状，其中左肺 1 叶，右肺 4 叶。

5. 排泄系统（图 14-2）

在腹腔背壁左右两侧各有一豆形的肾脏，右肾比左肾的位置略高，肾脏上方有淡黄色的肾上腺。剥离肾内缘凹陷处即肾门处结缔组织，观察由肾门发出的输尿管，沿输尿管走行分离输尿管，观察输尿管通入膀胱，膀胱开口于尿道。剪开耻骨联合，剥离结缔组织，观察雌性尿道开口于阴道前庭，雄性尿道通入阴茎开口于体外，兼有输精功能。

6. 生殖系统

（1）雄性生殖器官：睾丸 1 对，椭球形，成熟后坠入阴囊，可用镊子夹住成鼠的精索，将睾丸、附睾等从阴囊内拉出。附睾 1 对，分为附睾头、附睾体和附睾尾，附睾头紧附于睾丸上后缘，附睾体沿睾丸下行，附睾尾延伸为输精管。输精管 1 对，开口于尿道。阴茎为交配器官，顶端开口为尿道口。

精囊腺、凝固腺、前列腺和尿道球腺等为副性腺。精囊腺位于尿道前端的前方，为淡黄色钩曲状腺体，其后端在膀胱和输精管通入尿道处的背后通入尿道。凝固腺附着于精囊腺内侧的半透明腺体。前列腺位于膀胱腹、侧面，分多叶，稍带红色，其通入尿道的开口不明显。尿道球腺位于尿道球部左右两角的背方，嵌在尾基部的尾椎和腹部肌肉之间，为 1 对近白色椭球形腺体，将该处肌肉撕开即可见。包皮腺为 1 对扁圆形、淡黄色腺体，位于阴茎前端两侧的腹壁皮下，剪开该处腹部皮肤时即可见。

（2）雌性生殖器官：卵巢 1 对，位于腹腔背壁两侧肾脏后方。输卵管 1 对，盘绕紧密，包围着卵巢腔。输卵管后端膨大部分为子宫，左右子宫汇合于子宫颈，与阴道连通，阴道开口于体外。在阴道口的腹面稍前方有一隆起，为阴蒂。

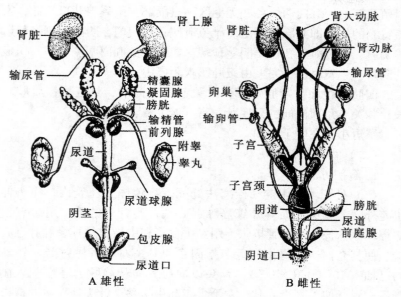

图 14-2　小白鼠泌尿生殖系统（Eberhard，1990）

II　家兔的实验

（一）外部形态

家兔全身被毛，毛分针毛、绒毛和触毛。针毛长而稀少，有毛向；绒毛位于针毛下面，细短而密，无毛向；在眼的上下和口鼻周围有长而硬的触毛。兔的身体可分为头、颈、躯干、四肢和尾 5 部分。

头呈长圆形，眼以前为颜面区，眼以后为脑颅区。眼有能活动的上下眼睑和退化的瞬膜，可用镊子从前眼角将瞬膜拉出。眼后有一对长的外耳壳。鼻孔一对，鼻下为口；口缘围以肉质唇，上唇中央有一纵裂，将上唇分为左右两半，因此唇经常微微分开而露出门齿。

颈短但活动自如。

躯干部较长，而背部有明显的腰弯曲。雌兔胸腹部有 3~6 对乳头，幼兔和雄兔不明显。近尾根处有肛门和泄殖孔，肛门靠后，泄殖孔靠前。肛门两侧各一无毛区称鼠蹊部，鼠蹊腺开口于此，家兔特有的气味即此腺体分泌。雌兔泄殖孔称阴门，阴门两侧隆起形成阴唇；雄兔泄殖孔位于阴茎顶端，成年雄兔肛门两侧有一对明显的阴囊，生殖时期，睾丸由腹腔坠入阴囊内。

四肢在腹面，前肢短小，肘关节角顶向后，具五指；后肢较长，膝关节角顶向前，具四趾，指（趾）端具爪。

尾短小，在躯干末端。

（二）内部解剖与观察

1. 解剖方法

（1）处死：采用空气栓塞法处死。将兔体置兔笼内，兔头伸出笼外。剪去兔背面耳外缘静脉远心端待进针处的毛，用 75% 乙醇棉球涂抹该处使血管扩张。用左手食指和中指捏住耳缘静脉近心端，使其充血，用拇指和无名指固定兔耳。右手持注射器（针筒内已抽入 10~20mL 空气），针头以向心方向从静脉远心端刺入血管后，平行伸入耳缘静脉，左手食指和中指移至针头处，协同拇指将针头稳定于静脉内，右手推进针栓，徐徐注入空气。注射完毕，抽出针头，干棉球按压进针处。随着空气的注入，兔经过一阵挣扎后，瞳孔放大，全身松弛而死。

（2）解剖：将已处死的家兔背位置于解剖台上，展开四肢并用绳固定。用棉花蘸水润湿腹中线的毛，用剪毛剪沿腹中线剪去外生殖器稍前至下颌的毛。左手持镊子提起皮肤，右手持手术剪沿腹中线自外生殖器前至下颌底将皮肤剪开，再从颈部向左右横剪至耳廓基部，沿四肢内侧中央剪至腕和踝部，左手持镊子夹起剪开皮肤的边缘，右手用手术刀分离皮肤和肌肉。然后沿腹中线自外生殖器前至胸骨剑突剪开腹壁，再沿胸骨两侧各 1.5cm 处用骨钳或中式剪剪断肋骨。左手用镊子轻轻提起胸骨，右手用另一镊子仔细分离胸骨内侧的结缔组织，再剪去胸骨。此时可见家兔的胸腹腔由横膈分为胸腔和腹腔。观察胸腔和腹腔内各器官的自然位置后，再剪开横膈边缘，剪开（或撕开）颈部肌肉和结缔组织至下颌，使兔颈部及胸、腹腔内的脏器全部暴露。

2. 消化系统

（1）消化管：

口腔：沿口角将颊部剪开，再用骨钳或中式剪剪开下颌骨与头骨的关节，将口腔全部掀开。口腔的前壁为上下唇，两侧壁是颊部，顶壁的前部是硬腭，后部是肌肉性软腭，软腭后缘下垂，把口腔和咽部分开。口腔底部有发达的肉质舌，其表面有许多乳头状突起，其中一些乳头内具味蕾。兔有发达的门齿而无犬齿，上颌有前后排列的 2 对门齿，前排门齿长而呈凿状，后排门齿小；前臼齿和臼齿短而宽，具有磨面；齿式为 2（2·0·3·3/1·0·2·3）= 28。

咽部：软腭后方的腔为咽部。近软腭咽处可见一对小窝，窝内为腭扁桃体。咽部背面通向后方的开孔是食道口，咽部腹面的开孔为喉门，在喉门外有一个三角形软骨小片为会厌软骨。

食管：气管背面的一条直管，由咽部后行伸入胸腔，穿过横膈进入腹腔与胃连接。

胃：囊状，一部分被肝脏遮盖。与食管相连处为贲门，与十二指肠相连处为幽门。胃内侧的弯曲称胃小弯，后缘较大的弯曲称胃大弯。

肠：分小肠与大肠。小肠又分十二指肠、空肠和回肠；大肠分结肠和直肠；大小肠交接处有盲肠。十二指肠连于幽门，呈"U"形弯曲；空肠前接十二指肠，后通回肠，是小肠中肠管最长的一段，形成很多弯曲，呈淡红色；回肠是小肠最后一部分，盘旋较少，颜色略深。回肠与结肠相连处有一长而粗大发达的盲管为盲肠，其表面有一系列横沟纹，游离端细而光滑称蚓突。回肠与盲肠相接处膨大形成一厚壁的圆囊，称圆小囊（为兔所特有）。结肠可分为升结肠、横结肠、降结肠 3 部分，管径逐渐狭窄，后接直肠。直肠很短，末端以肛门开口于体外。

（2）消化腺：

唾液腺：4 对，分别为耳下腺、颌下腺、舌下腺和眶下腺。耳下腺（腮腺）位于耳壳基部的腹前方，为不规则的淡红色腺体，紧贴皮下，似结缔组织。颌下腺位于下颌后部的腹面两侧，为 1 对浅粉红色圆形腺体。舌下腺位于近下颌骨联合缝处，为 1 对较小、扁平条形的淡黄色腺体，可用镊子将舌拉起，将舌根部剪开，使舌与下颌离开，在舌根的两侧可找到。眶下腺位于眼窝底部的前下角，呈粉红色。

肝脏：红褐色，位于横膈后方，覆盖于胃。肝有 6 叶，即左外叶、左中叶、右中叶、右外叶、方形叶和尾形叶。胆囊位于右中叶背侧。以胆管通十二指肠。

胰脏：在十二指肠弯曲处的肠系膜上，为粉红色、分散而不规则的腺体，有胰管通入十二指肠。

另外，沿胃大弯左侧有一狭长形暗红褐色器官，即脾脏，是最大的淋巴器官。

3. 呼吸系统

呼吸道：鼻腔前端以外鼻孔通外界，后端以内鼻孔与咽腔相通，其中央由鼻中隔将其分为左右两半。沿软腭的中线剪开至硬腭，露出的空腔即鼻咽腔，为咽的一部分。鼻咽腔的前端是内鼻孔，鼻咽腔侧壁上有一对斜行裂缝为耳咽管开口。喉头位于咽的后方，由若干块软骨构成。喉头之后为气管，管壁由许多半环形软骨及软骨间膜所构成。气管到达胸腔时，分为左右支气管而进入肺。

肺：位于胸腔内心脏的左右两侧，呈粉红色海绵状。

4. 泄殖系统

（1）排泄系统：肾脏 1 对，为红褐色的豆状器官，贴于腹腔背壁，脊柱两边，肾的前端内缘各有一黄色小圆形的肾上腺。其内侧凹陷处为肾门。由肾门各伸出 1 条白色细管即输尿管，沿输尿管向后清除结缔组织，观察它通入膀胱的情况。膀胱呈梨形，其后部缩小通入尿道。雌性尿道开口于阴道前庭，雄性尿道很长，兼作输精用，开口于阴茎头。

（2）雄性生殖系统：睾丸（精巢）1 对，白色卵圆形，非生殖期位于腹腔内，生殖期坠入体外阴囊内。若雄兔正值生殖期，则在膀胱背面两侧找到白色输精管，沿输精管向前可发现索状的精索。用手提拉精索将位于阴囊内的睾丸拉回腹腔进行观察。睾丸背侧有一带状隆起为附睾，分为附睾头、附睾体和附睾尾，附睾尾延伸的白色细管即输精管。输精管沿输尿管腹侧行至膀胱后面通入尿道。尿道从阴茎中穿过，开口于阴茎顶端。

（3）雌性生殖系统：卵巢 1 对，椭圆形，紫黄色，位于肾脏后外方，其表面常有颗粒状突起，输卵管 1 对，为细长迂曲的管子，伸至卵巢的外侧，前端扩大成漏斗状，边缘多皱褶呈伞状，称为喇叭口，朝向卵巢，开口于腹腔。输卵管后端膨大部分为子宫，左右两子宫分别开口于阴道。阴道为子宫后方的一直管，其后端延续为阴道前庭，前庭以阴门开口于体外。阴门两侧隆起形成阴唇，左右阴唇在前后侧相连，前联合呈圆形，后联合呈尖形。前联合处还有一小突起，称阴蒂。

5. 循环系统

心脏：位于胸腔中部偏左的围心腔中，仔细剪开围心囊（心包），可见心脏近似卵圆形，其前端宽阔与各大血管联结部分为心底，后端较尖，称心尖。在近心脏中间有一围绕心脏的冠状沟，沟后方为心室，前方为心房。左右两心室的分界在外部表现为不明显的纵沟。待动、静脉系统观察后，将心脏周围的大血管在距心脏不远处剪断，取出心脏，剖开，用水洗净。仔细观察心脏内部结构，弄清血管与心脏 4 腔的通连情况、各心瓣膜的位置与形态。

与心脏通连的大血管：体动脉弓是由左心室发出的粗大血管，发出后不久即向前转至左侧再折向后方，从而构成弓形。肺动脉是由右心室发出的大血管，向左侧弯曲，随后分为 2 支，分别进入左右肺。肺静脉由左右肺的根部伸出，在背侧入左心房。左右前大静脉、后大静脉在右心房右后侧汇合后，进入右心房。

六、实验建议

（1）颈椎脱臼法处死小白鼠操作关键在于两手动作协调，即向前下方压鼠头端和向后上方拉鼠尾，要同时瞬间用力，且用力恰当，不得用力过大致鼠被压死或拉断鼠尾。可以用小白鼠骨骼标本展示颅骨和颈椎的位置关系，以便于讲解操作要领。

（2）空气栓塞法处死的原理是注入动物静脉内的空气，形成肺动脉或冠状动脉空气栓塞，或导致心腔内充满气泡，影响回心血液量和心输出量，引起循环障碍、休克、死亡。为保证实验效果，应依据动物体型大小，将足量空气迅速注入静脉。

（3）解剖操作中，剪刀尖应向上翘，以免损伤内脏器官和血管；剪断第 1 对肋骨时要特别小心，以免损伤与心脏连通的大血管；观察过程中，使用镊子剥离器官周围的结缔组织，清除心底大血管基部周围脂肪时勿损伤血管。

七、思考题

1. 试述颈椎脱臼法处死小白鼠操作中的注意事项。

2. 根据观察结果，归纳哺乳类动物有哪些形态结构表现出进步性特征。

第五部分　微生物形态结构观察

实验 15　环境微生物检测

培养基含有微生物生长所需要的营养成分，将不同来源的样品接种于固体培养基上，于30℃培养，每一菌体能通过多次细胞分裂而进行增殖，形成一个肉眼可见的细胞群体集落，称为菌落。每一种微生物所形成的菌落都有它自己的特点，如菌落的大小、表面干燥或湿润、隆起或扁平、粗糙或光滑、边缘整齐或不整齐、菌落透明或半透明或不透明、颜色以及质地疏松或紧密等。因此，可通过观察平板上培养起来的菌落检测环境中微生物的数量和类型。

菌落的特征一般从以下几个方面进行描述记录：大小，一般依据整个平板上的菌落情况进行大、中、小、针尖状等标准确定；颜色，包括黄色、金黄色、灰色、乳白色、红色、粉红色等；干湿情况，如干燥、湿润、粘稠；形态，包括圆形、不规则等；突起状态分为高度扁平、隆起、凹下；透明程度，分为透明、半透明、不透明；边缘形状分为整齐、不整齐等。

一、实验目的

（1）学习环境微生物检测方法，了解实验室环境与人体体表存在微生物。

（2）比较来自不同场所与不同条件下微生物的数量和类型，体会无菌操作的重要性。

二、实验材料

环境及人体表面微生物等。

三、仪器设备

酒精灯，接种环，记号笔，无菌平皿，灭菌棉签，恒温培养箱等。

四、药品试剂

牛肉膏蛋白胨琼脂培养基，无菌水等。

五、实验操作与观察

每组4块平板，集中讨论设计拟检测的样品，如实验室空气微生物和人体体表微生物等。

1. 倒平板

按无菌操作要求，用已灭菌的融化的牛肉膏蛋白胨琼脂在无菌平皿上倒平板，每组4块。

2. 微生物检查

（1）空气样品：将一个牛肉膏蛋白胨琼脂平板放在没有明显空气流动的位置，移去皿盖，使琼脂培养基表面暴露在空气中20min，盖上皿盖。

（2）物品表面微生物检测：用记号笔在平板皿底外面做好标记，标明待检测样品的接种区域。

取1支灭菌的棉签在酒精灯的火焰边（无菌区域，避免空气微生物污染），用无菌水润湿棉签，用湿棉签在实验台面或手机等物品表面约 $2cm^2$ 的范围内反复擦拭。

在酒精灯火焰旁用左手拇指和食指或中指使平板开一小缝，再将棉签伸入，在琼脂表面指定区域轻轻滚动接种，立即闭合皿盖。

（3）人体表面微生物的检测：

手指：用不同方式清洗不同手指头，分别在平板琼脂表面轻轻来回画线，观察不同洗手方式对手表面微生物清除效果。

头发：在揭开皿盖的琼脂平板的上方，用手将头发用力摇动数次，使头发上的微生物降落到琼脂平板表面，然后盖上皿盖。

口腔：将去盖琼脂平板放在离口约 6~8cm 处，对着琼脂表面用力吹气或咳嗽，然后盖上皿盖。

（4）将所有接种的琼脂平板倒置，于 30℃ 恒温培养箱培养，观察细菌需培养 1~2d、霉菌需 4~5d、放线菌需约 7d。

（5）结果记录：根据菌落大小、形状、高度、干湿等特征，观察不同的菌落类型并进行归类；分别统计不同类型菌落的数量。

六、实验建议

（1）小组同学之间可以进行协调，设计实验，分别检测不同环境中的微生物种类和数量，以便对照、比较分析。为观察菌落形态特征，每组至少需要一块空气微生物的检测平板。

（2）如果菌落数量太多，有些菌落生长在一起，或相互影响，则会导致菌落外观不典型，所以观察描述菌落特征时，要选择分离得很开的单个菌落。

（3）由于微生物需要培养后观察，因此培养物需要做好标记，一般在平板皿底外面用记号笔写上班级、姓名、日期、样品来源等信息，内容简明扼要，字尽量小些，写在一边，不要写在当中，以免影响观察结果。

实验 16　细菌和真菌形态观察

油镜放大倍数是普通光学显微镜中最高的，对微生物学研究尤为重要。与普通光学显微镜其他物镜头使用方法的不同之处在于，需要在载玻片和镜头之间加滴香柏油或石蜡油。主要原理是，一方面增加照明亮度：香柏油（1.52）与玻璃（1.55）折射率相仿，光线通过时损失小；另一方面是增加显微镜的分辨率：分辨率=$\lambda/2NA = \lambda/n \cdot \sin\alpha$（$\lambda$ 为照明光线波长，α 为物镜镜口角，n 为物镜与标本间介质的折射率）。

细菌有三种基本形态：球状、杆状和螺旋状。放线菌菌丝体分为基内菌丝和气生菌丝，气丝在上层，色暗；基内菌丝在下层，较透明，气生菌丝进一步分化产生孢子丝和孢子。酵母为单细胞真核微生物，球状或椭球状，较细菌大，大多数以出芽方式进行无性繁殖。担子菌属大型真菌，形态、大小、颜色多样，由多细胞的菌丝体组成，菌丝具横隔膜。担子菌最大特点是形成担子和担孢子，整个发育过程中产生两种不同形式的菌丝，一种是由担孢子萌发形成具有单核的初生菌丝，另一种是通过单核菌丝的接合，但核并不融合，形成双核的次级菌丝。在形成担子和担孢子的过程中，菌丝顶端细胞壁上形成一种特殊的称为锁状连合的结构，细胞内二核经过一系列的变化由分裂到融合，形成一个二倍体（$2n$）的核，此核经二次分裂，其中一次为减数分裂，于是产生 4 个单倍体（n）子核。这时顶端细胞膨大成为担子，担子上生出 4 个小梗，各小梗发育出 1 个担孢子，共 4 个担孢子。形成担孢子的复杂结构的菌丝体为担子菌的子实体（图 16-1）。

乳酸石炭酸棉蓝染色液用于霉菌制片观察。原理是该染色液粘度大，保湿性好，石炭酸防腐，蓝色能增强反差，所以细胞不变形，不易干燥，防腐，保存时间长，防止孢子飞散，反差好。

一、实验目的

（1）学习并掌握光学显微镜油镜的原理和使用方法。

（2）初步掌握细菌和真菌的常规实验观察方法，了解细菌和真菌的基本形态特征。

二、实验材料

细菌三型、放线菌、酵母和青霉菌的制片标本，酵母、金黄色葡萄球菌、枯草芽孢杆菌、根霉和曲霉培养物，蘑菇。

三、仪器设备

显微镜，酒精灯，染色架，载玻片，盖玻片，滴管，吸水纸，刀片，滤纸，解剖针，擦镜纸。

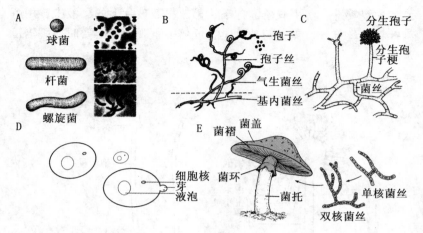

A. 细菌的基本形态 B. 放线菌 C. 霉菌 D. 酵母 E. 蘑菇

图 16-1 常见的细菌和真菌

四、药品试剂

蒸馏水，香柏油，擦镜液（乙醚：无水乙醇＝7：3，V：V），乳酸石炭酸棉蓝染色液，水-碘液，50%乙醇等。

五、实验操作与观察

（一）常见细菌的观察

（1）用油镜观察细菌三型制片标本，识别球菌、杆菌和螺旋菌。

（2）观察放线菌的形态，注意分辨基内菌丝、气生菌丝和孢子丝。

（二）常见真菌的观察

（1）观察青霉菌、酵母制片标本，了解其形态结构。

（2）水-碘液浸片观察酵母：在载玻片中央加 1~2 滴水-碘液，取少许酵母菌苔于其中混匀，盖上盖玻片后镜检。

（3）制片与观察根霉和曲霉：在载玻片上加 1 滴乳酸石炭酸

棉蓝染色液，用解剖针从菌落边缘处，挑取少量菌丝，先于50%乙醇中浸一下，洗去脱落的孢子，再放在载玻片上的染液中，用解剖针将菌丝分开。盖上盖玻片，置低倍镜下观察，必要时换高倍镜观察。

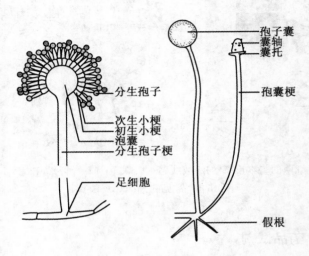

图 16-2　曲霉和根霉结构示意图

（4）观察担子菌子实体形态：菌盖、菌褶、菌柄、菌环、菌托等。徒手切片，制片观察菌褶、担孢子结构。

六、实验建议

本实验使用油镜较多。建议实验前复习实验 1 显微镜的构造和使用中"油镜观察"部分，实验中严格按先低倍镜后高倍镜，再用油镜观察的程序操作，油镜使用完毕，注意用擦镜液按操作要求清洁油镜头。

实验 17　乳酸发酵实验

发酵是指微生物将有机物氧化释放的电子直接交给底物本身未

完全氧化的中间产物，同时释放能量并产生各种不同的代谢产物。在微生物发酵过程中，有机物既是电子受体，又是被氧化的底物。通常这些底物的氧化都不彻底，因此发酵的结果是各种发酵产物的积累。

酸奶是由乳酸菌在牛奶中发酵制成的具有独特口感、营养丰富的食品。无氧条件下，乳酸菌利用牛奶中的乳糖或添加的糖类形成乳酸，牛奶 pH 降低，使酪蛋白析出，凝结成块状。不同种类的乳酸菌部分降解酪蛋白，形成乙醛、双乙酰等的含量、比例不同，而形成不同的风味。

一、实验目的

（1）学习微生物发酵的一般原理与方法。
（2）学习、了解乳酸发酵和制作乳酸菌饮料的方法。

二、实验材料

市售酸奶制品（含活菌），脱脂奶粉。

三、仪器设备

烧杯，量筒，玻棒，一次性水杯，保鲜膜，橡皮筋，恒温培养箱，电炉。

四、药品试剂

蔗糖，纯净水等。

五、实验操作与观察

（1）发酵培养基配置：用纯净水溶解脱脂奶粉，终浓度 100g/L，蔗糖 30~50g/L，煮沸或巴氏消毒法杀菌。

（2）发酵种子液配制：取市售酸奶 1 瓶（125g），加入 1000mL 发酵培养基，用保鲜膜封好，30~40℃培养 4~6h。

（3）发酵：按 1:3 比例，将发酵种子液与发酵培养基搅拌均匀后，分装到一次性水杯中，用保鲜膜将杯口封好（液面上方尽量少留空气），37~42℃培养 2~5h。

（4）等牛奶出现凝结后，从培养箱中取出即可。

六、实验建议

（1）如果时间容许，发酵完成后的酸奶置于 4℃冷藏 24h，进行后熟处理，经过后熟处理的酸奶，蛋白质凝结均匀致密，乳清析出少，口感更好。

（2）市售酸奶制品中活菌数和活性差距较大，每次实验时，应依据种子液发酵的效果，通过适当调整发酵种子液与发酵培养基比例，控制凝乳速度，在计划的时间内完成发酵。

第六部分　生物多样性观察

实验 18　植物多样性观察

　　植物是一类能够进行光合自养生活的（极少数异养）的真核生物，植物种类有 40 万~50 万种。依据有性生殖时合子是否形成胚，可以将植物分为无胚低等植物和有胚高等植物；依据生活史中是否产生种子，分为种子植物和孢子植物。植物的多样性是植物在与环境的相互作用中，经过不断演化而形成的，基本演化规律是从水生到陆生、从简单到复杂、从低等到高等。

　　藻类植物属低等植物，其植物体无根、茎、叶的分化。主要生长在水中。在潮湿的土壤、岩石、树干上亦有分布。藻类植物形态悬殊，结构繁简不一，有原核藻类（如蓝藻），更有真核藻类；有单细胞藻体，更有多细胞藻体，高等藻类已有组织分化。

　　地衣植物是一种真菌和藻类组合的多年生共生体，真菌为藻类提供生长场所，藻类为真菌提供营养。

　　苔藓植物是由水生生活向陆生生活过渡的类群之一，是一类原始的高等植物。有了似茎、叶的分化，但还只有假根。配子体发达，孢子体简单并寄生在配子体上；属孢子植物。

　　蕨类植物是一类绝大多数陆生、以孢子繁殖的高等植物，但受精还离不开水；孢子体发达，已有了真正的根、茎、叶的分化，配子体简化，但两者都能独立生活。

　　裸子植物是介于蕨类和被子植物之间的陆生种子植物，孢子体进一步发达，绝大多数为高大的木本植物，配子体进一步简化并寄生在孢子体上，已出现花粉（雄配子体），雌配子体的颈卵器已无颈部。种子的出现是一大进步，但无心皮包被，种子是裸露的。

植物界进化的最高阶段是种子植物中的被子植物。被子植物孢子体高度发达，配子体进一步简化，仅由几个细胞组成，寄生在孢子体上。出现了真正的花，具有双受精，产生了果实，使被子植物更具适应性。

一、实验目的

通过对各种植物标本和校园植物的观察，了解各植物类群的代表种和主要特征，并认识植物的演化规律。

二、实验材料

浸制标本和新鲜材料，标本馆植物标本，校园植物。

三、仪器设备

显微镜，体视显微镜，放大镜，盖玻片，载玻片，平皿，解剖针等。

四、实验操作与观察

1. 藻类植物

（1）水绵：个体为不分枝的绿色丝状体，新鲜材料外被有粘滑胶质。制备临时装片于显微镜下观察，可见每条藻丝由一列圆筒形细胞组成。

（2）紫菜：观察紫菜浸制标本，可见其藻体薄，为紫红色的叶状体。

（3）海带：观察海带的浸制标本，个体呈狭长带状的叶状体，呈绿褐色，可分带片、柄及固着器三部分。

2. 地衣植物

观察壳状地衣、叶状地衣及枝状地衣三类地衣浸制标本。

3. 苔藓植物

（1）苔类：观察地钱生活植株。叶状体（配子体）绿色扁平，二叉分枝，背面能见到孢芽杯（内产生孢芽，可进行营养繁殖）。

叶状体腹面有毛状假根（单细胞）。用放大镜观察背面，可见整个表面被线条划分为多角形的小区，每区中央有一白点称"气孔"。地钱雌雄异株，有性生殖分别在雌雄配子体上产生伞状的雌器托和雄器托。雌器托顶盘指状深裂；雄器托顶盘边缘浅波状。

（2）藓类：利用体视显微镜观察葫芦藓生活植株（配子体）。配子体为绿色直立矮小的茎叶体，不分枝或由基部分出 1~2 小枝，具有茎、叶和假根的分化，雌雄异株或同株。在配子体上（茎叶体的顶端）有时生有孢子体，孢子体有细长的蒴柄及其顶端葫芦形孢蒴，孢蒴上有一个勺形蒴帽。

4. 蕨类植物

（1）用放大镜观察小型叶蕨类石松植株，孢子体匍匐而蔓生，二歧分枝，分枝常直立，具有不定根，叶针状，螺旋状排列。

（2）观察大型叶蕨类贯众植株，孢子体根状茎短，直立或斜生，连同叶柄基部密生褐色鳞片。叶为羽状复叶，注意叶背面着生的孢子囊群，内有许多孢子囊。

5. 裸子植物

（1）观察盆栽苏铁植株及标本。常绿木本植物，具粗壮圆柱形主干，不分枝，顶端簇生大型羽状深裂的叶。雌雄异株，小孢子叶球生于雄株茎顶，小孢子叶鳞片状，上生有许多小孢子囊；大孢子叶丛生于雌株茎顶，密被黄褐色绒毛，上部羽状分裂，下部成长柄，柄的两侧生有 2~6 枚胚珠。种子核果状。

（2）校园内观察银杏植株和种子。孢子体为高大多分枝的落叶乔木，有长、短枝之分。叶扇形，在长枝上的叶，先端多二裂。雌雄异株。种子核果状（又称白果），观察剥开的成熟白果，可见有 3 层种皮：外种皮厚，肉质；中种皮白色，骨质；内种皮红色，薄纸质。

（3）校园内观察松、杉、柏等植株。湿地松为常绿乔木，针叶 2 针和 3 针一束并存，深绿色，球果圆锥形或狭卵圆形，种子卵圆形，略 3 棱。水杉为落叶乔木，小枝对生或近对生；叶交互对生，在小枝上排成羽状 2 列，线形；球果下垂，近球形或长圆状球形，种鳞木质，交互对生；种子倒卵形，扁平，有窄翅。侧柏为常绿乔木，小枝排成平面；叶全部为鳞片状，交互对生；雌雄同株，雌雄球花均单生于枝顶；球果阔卵形，近熟时蓝绿色被白粉；种鳞4对，熟时张开；种子卵形，灰褐色，无翅，有棱脊。

6. 被子植物

观察校园内常见的被子植物种类。

（1）木兰科：木本，单叶互生，全缘，有托叶环；花单生，两性，辐射对称，常为同被花；雄蕊和雌蕊多数，分离，螺旋状排列；蓇葖果。

（2）蔷薇科：茎常有刺和皮孔；叶互生，有托叶；花两性，辐射对称，有托杯，萼片 4~5；花瓣 4~5 或有时缺。心皮 1 至多个、子房上位或下位、果实核果或聚合果。分为绣线菊亚科、蔷薇亚科、苹果亚科和李（梅）亚科 4 个亚科。

（3）十字花科：草本；单叶互生；萼片 4，花瓣 4，十字形排列，雄蕊 6，四强雄蕊；假侧膜胎座；角果。

五、实验建议

植物种类繁多，本实验内容需要依据季节不同，合理安排校园植物考察内容，再安排标本观察内容，可以借助教学录像以及网络教学资源让学生尽量全面了解植物多样性。

实验 19　动物多样性观察

地球上的动物目前已鉴定的约 200 万种，根据近年来许多学者的意见，将动物界分为 36 个门，其中主要有腔肠动物门、扁形动物门、线虫动物门、软体动物门、环节动物门、节肢动物门、棘皮动物门、脊索动物门等。动物的基本演化规律是，从单细胞动物到多细胞动物；从辐射对称到两侧对称；从无体节到体节出现，体节分化与附肢的多样化；从水生到陆生；从卵生到胎生哺乳等。

原生动物是单细胞动物，以单个细胞内分化出各种细胞器来完成多细胞动物所表现的各种生活机能，如运动、消化、呼吸、排泄、感应、生殖等。除单细胞个体外，原生动物也有由若干单细胞个体形成的群体。

腔肠动物是后生动物的开始，一般为辐射对称，具有内外二胚层，开始出现组织的分化，具有最原始的神经系统——神经网。

扁形动物身体首次出现两侧对称体制和中胚层，为动物由水生过渡到陆生奠定了必要的基础。与此关联，出现了原始的排泄系统和梯形神经系统。

线虫动物，出现了假体腔和有口有肛门的完全消化管。一般体表被角质膜；排泄器官属于原肾系统；大多数雌雄异体。

环节动物，身体分节，出现了真体腔。与此相关，出现了闭管型循环系统，后肾管和链状神经系统从环节动物开始，进入高等的无脊椎动物阶段。

软体动物，身体一般分为头、足、内脏团和外套膜4部分，体外多具贝壳。适应不同的生活方式，软体动物各类群的形态结构差异较大。

节肢动物，身体异律分节，出现了分节的附肢；体表有几丁质的外骨骼；肌肉为成束的横纹肌，有多样化的呼吸器官和排泄器官，能适应多种环境，是动物界种类最多的一个动物门。很多种类具有非常适合陆地生活的结构和生物学特征，甚至出现了翅，是无脊椎动物中真正适应陆生的动物，也是最高等的无脊椎动物类群。

棘皮动物，成体次生性五辐射对称。有棘、刺突出体表之外，具有特殊的水管系、血系和围血系统。一般运动迟缓，神经系统和感官不发达。棘皮动物具中胚层来源的骨骼，是演化中最原始的后口动物。

脊索动物是动物界中最高等的一门，其个体发育的某一时期或终生具有脊索、背神经管、鳃裂3大基本特征，以区别于无脊椎动物。脊索动物又分为尾索动物、头索动物和脊椎动物。

一、实验目的

（1）通过观察，了解动物主要门类的代表动物及主要特征。

（2）通过观察比较动物各主要门类及脊椎动物各纲的主要形态结构特征，了解动物界从简单到复杂、从水生到陆生的演化发展规律。

二、实验材料

浸制标本和新鲜材料，标本馆动物宏观标本。

三、仪器设备

体视显微镜，放大镜，盖玻片，载玻片，平皿，解剖针等。

四、实验操作与观察

（1）原生动物：观察大草履虫形态结构（参见实验8）。

（2）腔肠动物：观察活水螅，水螅体呈长筒形，能伸缩，身体的基部附着在物体上，上端中央有口，口外周有5~12条触手。观察水母、海葵等标本。

（3）扁形动物：用体视显微镜观察，涡虫身体柔软扁平而细长，背面稍凸，多褐色，体前端两侧各有一突起的耳突，在耳突的内侧有一对黑色的眼点；腹面较扁平，色较浅，口在腹面后端1/3处，稍后方为生殖孔，无肛门。

（4）线形动物：观察人蛔虫浸制标本，蛔虫体呈圆柱形，雌虫较粗，腹面后端不弯曲，肛门开口于腹面近体末端，雄虫细而小，腹面后端弯曲，有两根交接刺，由泄殖腔孔中伸出。

（5）环节动物：观察环毛蚓浸制标本，其体呈圆柱状、细长，由许多体节组成。身体前端第一节有口，末端有纵裂状肛门。观察解剖标本，相邻体节间有隔膜；消化系统由口、咽、食管、砂囊、胃和肠组成；循环系统由背血管、腹血管、心脏、神经下血管、食道下血管组成；腹神经索为典型的链状神经索；雌雄同体，生殖器官仅限于体前部少数体节内，结构复杂。

（6）软体动物：观察揭开贝壳的无齿蚌，其两瓣外壳呈卵圆形；紧贴二壳内面为外套膜，包围蚌体；蚌的头部退化，体的上部为柔软的内脏团，内脏团下方连于斧状的肉足，肉足为运动器官；心脏在身体背面的围心腔内，由心室和心耳两部分组成；呼吸器官是鳃，雌雄异体。

（7）节肢动物：观察棉蝗浸制标本，可见蝗虫体分头、胸、腹三部分，体表具几丁质的外骨骼。头顶两侧有一对复眼，两复眼内侧有 2 个单眼，在额中央还有 1 个单眼；头部还有一对触角和复杂的口器；胸部背面有一对翅，胸部腹侧面有三对足；雌雄异体，腹部末端有外生殖器。

（8）棘皮动物：观察海盘车浸制标本，海盘车体呈星状，由中央盘和 5 个辐射状排列的腕组成，体表粗糙，背面略拱起，腹面平坦，中央有口，自口沿各腕腹面中央伸至腕的末端各有一条沟。

（9）脊索动物：

①尾索动物：脊索和背神经管仅存在于幼体的尾部，成体尾部退化或消失。观察柄海鞘成体浸制标本，其体呈长椭圆形，基部一柄附生在物体上，另一端有相距不远的 2 个孔，顶端的是入水孔，位置低的一个是出水孔。

②头索动物：脊索和背神经管纵贯于全身的背部，并终生保留。观察文昌鱼浸制标本，身体侧扁，两端尖细，呈长梭形，无头部和躯干部之分。

③脊椎动物：分为圆口纲、软骨鱼纲、硬骨鱼纲、两栖纲、爬行纲、鸟纲、哺乳纲。虽然它们在形态结构上彼此悬殊，但具有如下主要特征：出现了明显的头部，脑及眼、耳、鼻等重要感觉器官集中在头部；除圆口类外，均出现了能动的上、下颌和成对的附肢（水生种类的偶鳍和陆生种类的四肢）作为运动器官；在绝大多数的种类中，脊索只出现于胚胎发育的早期，以后被脊柱所代替；原生的水生种类用鳃呼吸，次生水生种类及陆生种类只在胚胎期间出现鳃裂，成体用肺呼吸。观察各代表动物浸制或剥制标本：七鳃鳗、鲤鱼、蟾蜍、蛇、家鸽、兔等。

五、实验建议

动物种类繁多，但能用于活体观察的材料类型相对较少，除充分利用动物标本馆等资源外，需要更多借助教学录像以及网络教学资源让学生尽量全面了解动物多样性相关的内容。

第七部分　遗传学实验

实验 20　核 型 分 析

染色体组型又称核型，是指将某一生物体细胞内的整套染色体按其相对恒定的特征排列起来的图像。核型的模式表达称为模式组型或模式图。模式组型是将一个染色体组的全部染色体按其特征、长短形态等逐条排列起来的图形，是通过对多细胞测量的、取平均值的、理想化的、模式化的染色体组成。

染色体组型分析，至少涉及染色体数目和染色体形态两方面的信息，其中染色体数目以体细胞为准；染色体的基本形态特征涉及：

（1）染色体长度：相对长度=（每条染色体长度/单倍染色体长度）×100（精确到 0.01）；

（2）染色体长度比=最长染色体长度/最短染色体长度；

（3）着丝粒指数=（短臂长度/染色体全长）×100（精确到 0.1）；

（4）臂比值=（长臂长度/短臂长度）（精确到 0.01）；

（5）着丝粒位置；

臂比值、着丝粒指数与着丝粒位置的关系

臂比值	着丝粒位置	简写	着丝粒指数
1.00	正中着丝粒	m	50.0
1.01~1.70	中部着丝粒区	m	50.0~37.5

续表

臂比值	着丝粒位置	简写	着丝粒指数
1.71~3.00	近中部着丝粒区	sm	37.5~25.0
3.01~7.00	近端部着丝粒区	st	25.0~12.5
>7.00	端部着丝粒区	t	12.5~0.0
∞	端部着丝粒	t	0.0

（6）副缢痕及随体：副缢痕的有无和位置，随体的有无、形状和大小都是重要的形态指标，带随体的染色体用 SAT 或 "＊" 标记。

染色体的特征以有丝分裂中期最为显著，一般分析中期染色体。中期染色体中二个染色单体已分离，但着丝粒还未分开，两条染色单体相连于着丝粒。着丝粒为一淡染区，从着丝粒向两端是染色体的 "两臂"，染色体被着丝粒分隔成短臂（p）和长臂（q）。根据着丝粒位置，可将染色体分为中部着丝粒染色体（m），亚中部着丝粒染色体（sm），亚端部着丝粒染色体（st）和端部着丝粒染色体（t）四种（图 20-1）。

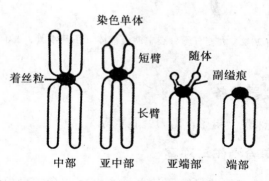

图 20-1　染色体类型（黄诗笺等，2001）

染色体显带技术的发展，为染色体核型分析提供了更有力的工具。

一、实验目的

（1）掌握染色体组型分析的原理、各种数据指标及染色体组型分析的意义。

（2）学习染色体组型分析的基本方法。

二、实验材料

大麦根尖细胞染色体照片（图 20-2）。

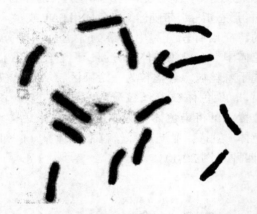

图 20-2　大麦有丝分裂中期染色体（王建波等，2004）

三、仪器设备

精密毫米尺，镊子，剪刀，胶水等。

四、实验操作与观察

（1）将洗印好的显微照片上一个细胞的全部染色体，沿染色体边缘分别一条条小心剪下。

（2）首先对全部染色体进行初步目测，根据染色体长短和形态特征，进行同源染色体配对，并进行初步排列。主要观察染色体的长短、着丝点的位置、染色体臂的长短、有无随体等，其中以着丝点的位置最为重要。

（3）对初步排列的染色体进行测量，用精密毫米尺量取每条染色体短臂、长臂长度及全长，随体长度不计入染色体长度，但需标注带随体染色体的编号。计算出各条染色体的相对长度、着丝粒指数、臂比值，并记录原始数据。

（4）依据测量数据校正目测配对，调整排列，填入"染色体测量与组型分析数据表"中。

（5）将剪下的染色体对按从长到短的顺序排列，一对对地短臂向上、长臂向下，各染色体着丝粒在同一条直线上，贴成一幅完整的染色体组型图，如果全长相等，按短臂长短排序。

五、实验建议

（1）准确测量各染色体及长短臂长度是进一步分析的基础。

（2）可提供大麦的模式组型，供学生进行染色体配对排序时参考。

实验 21　微 核 实 验

三致性是指环境对生物的致畸、致癌和致突变性，是目前环境污染中最主要的问题。三致性的根本在于致突变，致畸和致癌常常是致突变的结果。

微核（micronucleus，MCN）是细胞在有丝分裂时由于受到各种有害因素损伤形成的无着丝点的染色体断片，在有丝分裂后期不能向两极移动，而游离于细胞质中，在间期细胞核形成时，这部分细胞核成分残留在核外形成微小核染色质块。所以在间期细胞核附近可观察到一至几个很小的圆形结构，直径是细胞直径的 $1/20 \sim 1/5$（大小在主核直径的 $1/3$ 以下）。微核是常用的遗传毒理学指标之一，指示染色体或纺锤体受到损伤。由于这种损伤会因细胞受到外界诱变作用而加剧，而微核数量又与诱变强弱成正比，因此可用微核出现频率来评价环境诱变因子对生物遗传物质的损伤程度（图 21-1）。

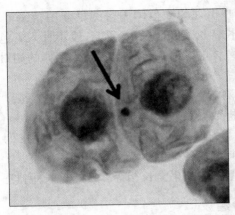

图 21-1　蚕豆根尖细胞中的微核（箭头所指）

蚕豆根尖微核实验具有准确、快速、操作简便、有明显剂量效应关系、适合大批量样品检测等特点，美国国家环保局确定了蚕豆根尖微核实验在环境突变性检测中的作用，对许多环境致癌物都作了标准化的实验，建立了相应的数据库。

一、实验目的

（1）了解环境污染物三致性及细胞微核形成的机理。
（2）掌握蚕豆根尖细胞微核检测技术。

二、实验材料

蚕豆（*Vicia faba*）种子。

三、仪器设备

光学显微镜，恒温培养箱，蚕豆发芽盒，镊子，载玻片，盖玻片，滤纸，计数器等。

四、药品试剂

碱性品红染液，卡诺氏固定液（乙醇：醋酸 = 3：1，V：V），

70%乙醇，水解分离液（盐酸：乙醇＝1：1，V：V），100mg/L 的 CrO_3（三氧化铬）溶液，蒸馏水，待检测污水样品等。

五、实验操作与观察

（1）种子萌发：蚕豆种子洗净后，室温下用蒸馏水浸种 24h，中间换 2~3 次水；种子吸胀后，于 25℃催芽 48h。

（2）样品处理：当初生根长到 1~2cm 时，选取幼根发育良好，大小及长度相近的已萌发种子，将其放入盛放不同处理溶液的发芽盒中（每一处理样品选 5~6 个蚕豆种子），将其根浸入不同的处理液中培养。25℃培养 72h，用蒸馏水洗根尖 3 次，于蒸馏水中恢复培养 36h，以 100mg/L 的 CrO_3 溶液为阳性处理对照，蒸馏水处理为空白对照。

（3）固定：用刀片或小剪刀切取经过处理的长约 0.5~1cm 根尖，放入卡诺氏固定液中，在室温下固定 24h，固定液的用量一般为材料体积的 15 倍以上。固定后的根尖可置 4℃冰箱，保存于 70%乙醇溶液中。

（4）水解分离：将固定液倒去，用蒸馏水清洗根尖 2 次；吸净蒸馏水，加入水解分离液，室温下处理 40min；倒去水解分离液，吸净水解分离液，加入固定液进行软化 5min。然后倒去固定液，用蒸馏水反复冲洗 5 次，使材料呈白色微透明，以镊子柄能压碎为好。

（5）染色压片：将软化处理好的根尖放在载玻片上，纵横切成几段，十字交叉放上另一块载玻片，用镊子柄轻敲几下，再用拇指用力下压；分开两玻片，各滴上 1~2 滴碱性品红染液，20min 后加上盖玻片（注意不要产生气泡），吸去多余染液。

（6）镜检：低倍镜（10×）镜检后，选择细胞分散均匀，细胞无损，染色良好的区域（也可在高倍镜 40×下）观察。微核识别标准为：微核位于完整细胞内，染色与主核一致或略浅，其直径小于主核的 1/3，与主核完全脱离或与主核以细丝相连。每一处理观察 3 个根尖，每根尖观察 500 或 1000 个细胞，统计微核数。

（7）依据统计的各处理的细胞总数和含微核的细胞数，计算微核千分率（MCN‰）。

按以下公式计算各处理样品的污染指数：

污染指数（PI）= 待测样品 MCN‰平均值/对照组（蒸馏水）MCN‰平均值

样品污染等级标准：污染指数在 0.50~1.50 之间为基本无污染；1.51~2.00 之间为轻度污染；2.01~3.50 之间为中度污染；3.51 以上为重度污染。

六、实验建议

（1）蚕豆发芽盒可用一次性塑料杯代替。固定等操作可以在青霉素瓶中进行，用液量约 3mL。

（2）阳性对照除 CrO_3 溶液外，还可以使用 NaN_3（叠氮化钠）或 EMS（甲基磺酸乙酯）溶液，一定浓度范围内，随浓度增加，微核千分率增加。

（3）解离要彻底，控制在使蚕豆根软化为宜，以利于压片时细胞分散。如果解离不彻底，制片观察效果不理想，细胞重叠现象严重，实验误差大。

（4）解离后漂洗要仔细，否则残余盐酸会干扰碱性品红着色。

第八部分　生理学实验

实验 22　植物光合色素的提取、测定和分离

叶片是高等植物体中进行光合作用的主要器官，叶绿体是进行光合作用的基本细胞器。植物光合作用固定二氧化碳的能量来源于光能，光能可由植物色素分子吸收。光合作用中吸收光能的色素为光合色素，主要有叶绿素、类胡萝卜素和藻胆素三大类。高等植物中的叶绿素包括叶绿素 a 和叶绿素 b；类胡萝卜素包括胡萝卜素和叶黄素。

叶绿素 a 和叶绿素 b 最大的吸收峰分别位于 663 和 645nm 处，依据该波长时叶绿素 a 和叶绿素 b 消光系数和朗伯-比尔定律，可折算出待测物质浓度与光密度之间的关系式：

$$C_a = 12.70 \times OD_{663} - 2.69 \times OD_{645} \qquad (1)$$

$$C_b = 22.90 \times OD_{645} - 4.68 \times OD_{663} \qquad (2)$$

$$C_{a+b} = 8.02 \times OD_{663} + 20.20 \times OD_{645} \qquad (3)$$

式中：OD_{663} 和 OD_{645} 分别为叶绿素溶液在波长 663nm 和 645nm 时的光密度，C_a、C_b 和 C_{a+b} 分别为叶绿素 a、叶绿素 b 和总叶绿素的浓度，单位为每升毫克数（mg/L）。

一、实验目的

（1）掌握提取叶绿体色素的基本方法，初步学习用分光光度法测定叶绿素含量。

（2）学习纸层析法分离叶绿体色素的基本方法，了解叶绿体色素的基本组成。

二、实验材料

新鲜菠菜叶（或白菜叶）。

三、仪器设备

722 分光光度计，天平，剪刀，直尺，研钵，漏斗，漏斗架，容量瓶，移液管，量筒，烧杯，层析缸，毛细管，滤纸，棉线，吹风机。

四、药品试剂

丙酮，碳酸钙，石英砂，四氯化碳，无水硫酸钠，蒸馏水。

五、实验操作与观察

（一）叶绿体色素提取及含量测定

1. 提取叶绿体色素

选取新鲜的菠菜叶或白菜叶，洗净后擦干，用天平准确称取 2g，置于研钵中剪碎，加入少量石英砂。量取 5mL 丙酮，先加少许于研钵内，将材料研磨成匀浆，再边研磨边倒入剩余丙酮，最后再加 5mL 丙酮制成混合液。把圆形滤纸铺于漏斗中，将混合液过滤到 25mL 的容量瓶内。用丙酮洗净研钵内剩余的残渣，过滤并倒入容量瓶中，用丙酮定容，即可获得叶绿体色素粗提液。

2. 测定叶绿素 a 和叶绿素 b 的光密度

用移液管从容量瓶中吸取 1mL 提取液，再加 4mL 丙酮混匀。将混合液倒入测试用的比色杯内，以丙酮作空白对照溶液。将 722 分光光度计的比色杯箱盖打开，放入比色杯，分别在 663 和 645nm 波长处读取光密度数值。重复测定 2 次，取其平均值。

3. 计算叶绿素 a 和叶绿素 b 的含量

依据测量的 OD_{663} 和 OD_{645} 平均值，按照公式（1）、（2）和（3），分别计算 C_a、C_b 和 C_{a+b}，最后用以下公式计算每克鲜重叶片中所含叶绿素 a、叶绿素 b 及总叶绿素的含量。

$$叶绿素 a（mg/g 鲜重）=（C_a×25×0.001×5）÷2$$

叶绿素 b（mg/g 鲜重）＝（C_b×25×0.001×5）÷2

总叶绿素（mg/g 鲜重）＝（C_{a+b}×25×0.001×5）÷2

（二）纸层析法分离叶绿体色素

1. 层析液配制

在层析缸中（可用小容量的标本缸代替）加入 5mL 四氯化碳及少许无水硫酸钠。

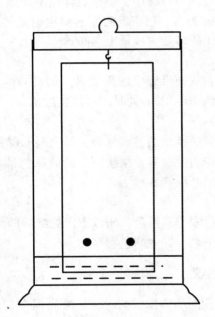

图 22-1　纸层析法分离叶绿体色素示意图

2. 准备层析纸

裁剪滤纸一张，其宽幅和长度比层析缸直径和高度略小。在滤纸长方向的一端距纸边缘约 1.5cm 处用铅笔轻画一条平行细线，沿线条画两个直径 1.5mm 左右的圆圈作为点样点，两圆圈间距约 0.5～1cm。

3. 点样

用毛细管蘸取叶绿体色素提取液，在层析纸圆圈上垂直点样。

注意点样时动作要迅速，毛细管一接触到滤纸即刻提起，不可让溶液浸润到纸上太多，以溶液在滤纸上扩散的范围不超过圆圈为准。用吹风机吹干（或自然晾干）后，再在同一点上同样操作点样 5~10 次。

4. 安装

将层析纸未点样的一端扎孔穿线，将其固定在层析缸盖子上，使点样端浸入试管内层析液中，但是点样点不接触层析液，以点样点高出液面 0.5cm 为宜，层析纸的左右两边也不要接触层析缸壁。将盖子盖紧。置于阴暗处，或罩上黑布罩。

5. 层析

层析开始后，液面沿滤纸缓慢上升。约经 30~45min，或上升的液面离点样点约 10~12cm 处时即可停止层析。

6. 观察

这时可观察到层析纸的色素分布，最上端的橙黄色带为胡萝卜素，其次的黄色带为叶黄素，紧接其下的蓝绿色带为叶绿素 a，最下方的黄绿色带是叶绿素 b。

7. 记录

因为分离的色素容易退色，所以取出滤纸后即刻用铅笔将各色素带的轮廓勾画下来，并注明色素名称。

六、实验建议

（1）材料细胞间质酸度较高时，研磨过程中会使叶绿素脱镁，层析时在叶黄素和叶绿素之间会出现黄绿色去镁叶绿素色带，为减少或避免叶绿素脱镁，可在研磨过程中加入少许碳酸钙。

（2）提取制备叶绿素过程中，尽量避免强光照射，减少叶绿素受光分解。

实验 23　植物光合作用强度的测定

光合作用是指绿色植物通过叶绿体，利用光能，把 CO_2 和水转化成储存着能量的有机物，并且释放出氧的过程。植物在光照条件下，通过光合作用固定 CO_2，转化成淀粉等有机物储藏在叶片中，植物光合作用的检测一般都是通过检测单位时间、单位面积叶片光合作用产生的干物质增加量或消耗底物 CO_2 的量来确定的。

通过化学或物理方法，阻断植物叶柄的韧皮部运输，但是不损伤木质部，可以阻断叶片光合作用产物的输出，但是不影响叶片正常的水分供给。通过比较进行一定时间光合作用后，保留在植株上进行光合作用的半张叶片和取下后遮光的对应半张叶片相应部位单位面积的干重差，测定单位时间和单位面积叶片的光合作用强度。

通过测定光合作用的原料 CO_2 在光合作用中被消耗时的浓度变化来反映光合作用的强度。酚红作为酸碱指示剂，$pH = 7.4$ 呈红色，$pH = 7.0$ 变橙色，$pH = 6.5$ 变黄色，而 $pH = 7.6$ 呈红色中略带蓝色，$pH = 7.8$ 呈紫色，由于对颜色的观察有很大的主观性，因而必须设好参照。CO_2 溶于水会使水偏酸。水生植物在光照条件下，通过利用水中溶解的 CO_2 进行光合作用，随着水中 CO_2 被植物通过光合作用消耗，水的 pH 逐渐上升，酚红的颜色由黄逐渐转变为红，通过水溶液颜色的变化可以反映水中 CO_2 的浓度变化，间接反映水生植物进行光合作用的强度。

一、实验目的

学习了解测定光合作用强度的方法，进一步认识光合作用的现象、原理及过程。

二、实验材料

绿色阔叶植物的叶，水绵。

三、仪器设备

水浴锅，打孔器，镊子，电子天平（0.001g），称量瓶，烘箱，刀片，纱布，锡箔纸，试管，吸管，平皿。

四、药品试剂

50g/L 三氯醋酸，稀碘液，乙醇，酚红。

五、实验操作与观察

（一）干重法测定光合作用强度

1. 样品选择

选定有代表性植株的叶片（如叶片在植株上的着生部位、叶龄、受光条件等）10~20 张，用小纸牌编号。

2. 叶子基部处理

为阻断选定叶片中光合作用产物的输出，保证测定结果的准确性，必须破坏叶柄输导组织中的韧皮部而保留其木质部，可采用下列方法进行处理。

（1）环剥法：用刀片将叶柄的外皮环剥 0.5cm 宽左右，以破坏其输导组织中的韧皮部。

（2）烫伤法：用在开水中浸过的纱布或棉花球在叶柄基部烫 1min 即可。

（3）抑制法：用化学试剂破坏韧皮部以使光合产物的输出受阻。化学试剂中以三氯醋酸效果最好，具体方法是用 50g/L 的三氯醋酸点涂叶柄，注意不要点得太多，以免伤害韧皮部以内的组织造成植株整体死亡。

为了使处理后的叶片不致下垂影响叶片的自然生长角度，可用锡箔纸等，使叶片保持原有的着生角度。

3. 剪取样品

叶柄基部处理完毕即可剪取样品，记录时间，开始进行光合作用测定。按编号次序分别剪下已处理叶片的一半（主脉不剪），按编号顺序夹在湿润的纱布中，贮于黑暗处。留在植株上的已处理过的半叶，经过 4~5h（也可以 2~3h）光照后，再依次剪下，同样按编号夹在湿纱布中，两次剪叶的速度应尽量一致，使各叶经历相等的光照时数。

4. 称重比较

将同号叶片经光照和未经光照的两个半叶按对应部位叠在一起，在无粗叶脉处用打孔器将叶片切下，分别置于标有照光和黑暗的称量瓶中（避免混淆），在 80~90℃下烘至恒重，称重比较。

5. 计算结果

光合作用强度 = 干重增加总数（mg）÷［切取叶面积总和（dm^2）×光照时数（h）］

由于叶内储存的光合产物一般为蔗糖和淀粉等，可将干物质重量乘系数 1.5，计算固定二氧化碳的量，单位为：$mg/dm^2 \cdot h$。

（二）光合作用期间产生淀粉的检测

用锡箔纸遮盖植物叶片的一半（遮挡日光照射）。次日，揭去锡箔纸，用打孔器从叶片遮盖的一半和未遮盖的一半各打下直径 1~2cm 的圆形小片，并将其浸入沸水中使细胞壁软化，然后用热乙醇除去叶绿素。必要时更换乙醇以除去全部叶绿素。再将圆形小片转移到含有稀碘液的平皿中，比较从叶片遮盖的和未遮盖的部位取下的 2 个圆形小片的染色情况。

（三）CO_2 测定法测定光合作用强度

在 2 支试管中各加入 1/2 体积的自来水，并分别滴加 4 滴酚红溶液。

用吸管从溶液底部对其中 1 支试管吹气，使溶液颜色从红色变成黄色，再加入水绵。另 1 支试管作为对照不予处理。

将 2 支试管置光照下，观察并记录颜色变化。

六、实验建议

（1）干重法测定光合作用强度实验要求精度较高，应选取对称性好的叶片进行实验。

（2）CO_2 测定法测定光合作用强度时，可以引导学生熟悉实验原理后，设置不同的对照，观察实验组和对照组的变化，判断光合作用的进程。

实验 24　血细胞的数量测定和血型鉴定

人类血型有数十种，除大家熟悉的红细胞血型外，还有白细胞血型、血小板血型、血清血型等。红细胞血型最多，通常所说的血型就是指红细胞膜上特异性抗原类型，如人们所熟知 ABO 血型系统及 Rh 血型系统。ABO 血型是人类确定的第 1 个血型系统。红细胞膜上具有 ABO 血型糖脂，作为抗原，早期称为凝集原；血清中含有相应的特异性抗体称为凝集素。凝集原和相应的凝集素特异性结合，使红细胞凝集成团，进而引起红细胞破裂，产生溶血。根据红细胞膜上存在 A 抗原与 B 抗原的不同组合形式，可将人类血液分成 4 种 ABO 血型。红细胞膜上仅有 A 抗原为 A 型，只有 B 抗原为 B 型，同时存在 A 和 B 抗原则为 AB 型，既没有 A 抗原，也没有 B 抗原，则为 O 型。不同 ABO 血型的人血清中含有不与自身抗原反应的抗体，如在 A 型血血清中只含有抗 B 抗体、B 型血血清中只含有抗 A 抗体，AB 型血血清中不含抗 A、抗 B 抗体，O 型血血清中两种抗体都有。因此，可以利用标准 A 型和 B 型血清对未知血液进行 ABO 血型鉴定，由于血清中是多克隆抗体，有时凝集现象不明显或有假阳性，现在使用 A 型和 B 型单克隆抗体进行鉴定，检测灵敏度和准确性大为提高（图 24-1）。

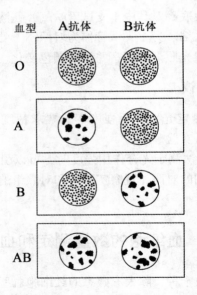

图 24-1　ABO 血型鉴定凝集反应示意图

　　临床检验、科研等中经常需要检测细胞数量，测定细胞数量的方法有多种，其中用血细胞计数板于显微镜下直接计数的方法，具有样品用量少、操作简便、快速、直观的特点，是一种较常用的细胞计数方法。血细胞计数板为一块特制的长方形厚载玻片，在中部1/3 面积处有 4 条槽。内侧 2 槽之间还有 1 条横槽相通，因此在中部构成 2 块长方形平台。此平台比整个载玻片的平面低 0.1mm。平台中部各刻有 1 个含 9 个大方格的方格网，为计数室。每个大方格边长 1mm，面积为 $1mm^2$，体积为 $0.1mm^3$。四角的每个大方格又被分为 16 个中方格，适用于白细胞、血液和培养细胞的计数。中央的大方格则由双线划分为 25 个中方格，每个中方格面积为 $0.04mm^2$，体积为 $0.004mm^3$，每个中方格又分成 16 个小方格，适用于红细胞微生物细胞的计数（图 24-2）。

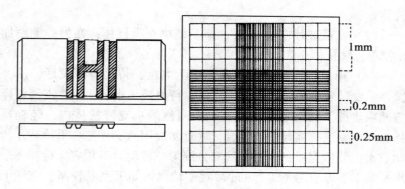

图 24-2　血细胞计数板

一、实验目的

（1）学习 ABO 血型的鉴定原理与方法。
（2）学习利用血细胞计数板进行细胞计数的原理与方法。

二、实验材料

人新鲜血液。

三、仪器设备

显微镜，一次性采血针，消毒牙签，一次性采血管，载玻片，血细胞计数板，盖玻片，小滴管，机械计数器，记号笔。

四、药品试剂

A、B 型单克隆抗体，白细胞稀释液，红细胞稀释液，70%乙醇，消毒干棉球。

五、实验操作与观察

（一）ABO 血型鉴定

血型鉴定有平板法和试管法，本实验采用平板法。

（1）用记号笔在一载玻片左上角写 A 字，表示滴加的是 A 型抗体。

（2）在载玻片左端滴加 1 滴 A 型单克隆抗体；在另一侧滴加 B 型单克隆抗体，切勿混淆！

（3）用 70%乙醇棉球消毒左手无名指，待乙醇挥发后，用一次性采血针刺破消毒后的指尖皮肤，待血液出来后，用 2 支消毒牙签蘸取血液，分别加到玻片左、右两侧的单克隆抗体内，轻轻搅拌，使单克隆抗体与血液混合。注意勿混用两支牙签！手持玻片转动数次，使单克隆抗体与血液充分混匀，转动时玻片应保持在一个水平面上。置室温下 1~2min 后观察结果。如果室温较高、空气干燥，可将一培养皿倒扣在载玻片上以免水分蒸发，造成假凝集反应。

（4）肉眼判断有无凝集现象。如果血滴外观略呈花边状或锯齿状，看上去有沉淀，则多为红细胞凝集；如果血滴呈均匀状态，边缘整齐，则多为不凝集。

（5）进一步在低倍镜下观察有无凝集现象。如果观察到红细胞凝集成团，或尚有少数游离细胞，则为凝集现象；如果红细胞均为游离状态，则为不凝集。

（6）根据镜下所见有无红细胞凝集现象判定血型。

（二）血细胞计数

1. 采血及稀释

分别准确吸取 0.19mL 白细胞稀释液和 1.99mL 红细胞稀释液，各放入 1 支干净的小试管内，加塞备用。

用 70% 乙醇棉球消毒左手无名指或耳垂边缘，待乙醇挥发后用一次性采血针刺入皮肤约 2~3mm 深，让血液自然流出。用消毒干棉球拭去第 1 滴血液，待流出第 2 滴血呈大滴时，用一次性采血管吸血至 $10mm^3$ 刻度处（采血管下口接触血滴，缓慢放平采血管，利用毛细管现象，血液即可自然吸入采血管）。拭去附着于吸管尖端外部的血液。将吸管内血液缓缓吹入盛有白细胞稀释液的小试管底部，轻轻摇振试管，使血液与稀释液混匀，获得细胞计数样品。

同法，用另 1 支一次性采血管取 $10mm^3$ 血液，吹入盛有红细胞稀释液的中试管底部。混匀，获得红细胞计数样品。

2. 充液

通过镜检计数室，挑选一块干净的血细胞计数板平放于实验桌上，将盖玻片置于计数板正中央。用小滴管吸取混匀的稀释血液，并将管尖轻轻斜置于盖玻片边缘，让稀释血液缓慢流出，借毛细管现象而自动流入计数室内。充液后，静置 2~3min，待细胞沉降后，再进行计数。两类血细胞需分别充液计数。

3. 计数

为防止重复计数和漏数，计数时可遵循"从左到右，自上而下"顺序进行；对正好压在格线上的血细胞，依照"数上不数下，数左不数右"的原则进行计数。

4. 计算

白细胞数：将四角的 4 个大方格内数得的白细胞总数乘以 50，即得每立方毫米血液中白细胞总数。4 个大方格内的容积为 $1×1×0.1×4=0.4mm^3$，血液稀释 20 倍后进行计数，所以：

白细胞总数/mm^3 = 4 个大方格白细胞总数×20÷0.4 = 4 个大方格白细胞总数×50

红细胞数：将中央大方格中四角的中方格和中央的中方格共 5 个中方格内数得的红细胞总数乘以 10000，即得每立方毫米血内红

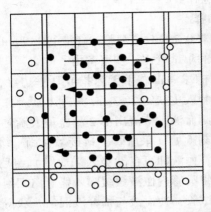

图 24-3　血细胞计数方式。实心圈表示应计数的红细胞，
空心圈表示不应计数的红细胞（黄诗笺等，2001）

细胞的总数。5 个中方格的容积为 $0.2×0.2×0.1×5 = 0.02mm^3$，血液稀释 200 倍，所以：

红细胞总数/mm^3 = 5 个中方格红细胞总数×200÷0.02 = 5 个中方格红细胞总数×10000

目前临床上血细胞计数采用"每升"的通用单位，将以上所获各血细胞数量换算，乘以 10^6 即为各血细胞在每升血液中的数量。

5. 清洗血细胞计数板

使用完血细胞计数板后，及时用水冲洗，但不可用硬物刷洗计数板。计数板晾干或吹风机吹干后，应镜检计数室是否干净，否则必须重复洗至干净为止。

六、实验建议

（1）采血时必须待皮肤上的消毒乙醇挥发后才能扎针，否则流出的血液不能成滴，无法吸取。

（2）由于本次实验涉及血液样品，因此需要反复强调实验安全，注意严格按照要求进行，以免感染，同时，使用过的器具等都要使用"84"消毒液等进行消毒后才能按要求抛弃。

（3）采用单克隆抗体检测的特异性高，反应快，少量血细胞就可以观察到明显结果，如果血液量大大超过抗体量，反而得不到理想的结果，因此，仅用牙签蘸取少量血液即可。实验安排上，可以先取计数用的血液，这时，手指上残余的血液足以进行血型鉴定。

（4）计数时，如发现各大方格的白细胞数相差 8 个以上、各中方格的红细胞数最多与最少相差 20 个以上时，则表示血细胞分布不均匀，必须将稀释的血液摇匀后再重新充液计数。

实验 25　人体动脉血压测定

血液在血管中流动时，对血管壁所产生的侧压力称为血压，影响血压的主因素是心输出量和外周阻力。心室收缩时，主动脉压急剧升高，在收缩期的中期达到最高值，这时的动脉血压值称为收缩压，成人正常的收缩压一般 ≤120mm Hg，称为理想血压，收缩压≤130mm Hg 为正常血压；心室舒张时，主动脉压下降，在心舒末期动脉血压的最低值称为舒张压，成人正常的舒张压一般 <90mm Hg；收缩压减舒张压的差值为脉压差，成人正常脉压差一般约为 40mm Hg。

一般所说血压是指主动脉压，通常采用间接测压法测量安静时肱动脉血压代表动脉血压，运动、呼吸、体位、刺激等均可以影响血压。间接测压法使用血压计进行测定，血压计包括能充气的压脉袋和与之相连的检压计。测量时，将压脉袋缠在受试者的上臂，充气加压到阻断肱动脉血流为止；然后缓缓放气，逐步降低压脉袋内的压力，利用放在肱动脉上的听诊器听取此期间血管音的变化即可测到血压。当压脉带内压力超过动脉收缩压，血流完全被阻断时，听诊器听不到任何声音。随着放气，当压脉袋内的压力刚低于肱动脉收缩压而高于舒张压时，血液开始断断续续通过血管，形成湍流而发出声音（血管音），听到第 1 声血管音所测得的压力即收缩压。继续放气，压脉带内压力渐次减小，血管音逐渐变大，当压脉

113

带内压力等于或小于舒张压时，血液顺利通过血管，血管音突然降低或消失，这时测得的血压数值即舒张压。

一、实验目的

学习、掌握人体动脉血压测定原理与方法。

二、仪器设备

血压计，听诊器。

三、实验操作与观察

1. 血压计的结构

血压计由检压计、橡皮压脉带和打气球3部分构成，共装于血压计盒内。检压计有水银柱式和表式（以压力推动指针在表盘上旋转）两种。压脉带是一个长方形橡皮囊，外面有布包裹，以限制橡皮在充气时发生过度的扩张。打气球是一加压的橡皮球，橡皮囊借橡皮管与检压计和打气球相通。

本实验采用水银柱式血压计。使用前应先检查检压计是否准确，主要是看压脉带内与大气相通时，水银柱液面是否在零刻度，如果不在，可用滴管加入或减少水银贮池内的水银，使之达到零刻度。

2. 听诊法测量血压（图25-1）

测量人体动脉血压，通常是测量肱动脉的压力。受试者静坐5~10min，脱去左臂衣袖，前臂平伸，放于桌上。实验者将血压计的压脉带平展，松开打气球上的螺丝，排出袖内余气后将螺丝扭紧。再将压脉带卷缠在受试者左上臂，其下缘应在肘关节上约3cm处，松紧应适宜，以能插入两个手指为度。受试者手掌向上平放于桌上，压脉带应与心脏处于同一水平。实验者戴上听诊器，在受试者肘窝部找到肘动脉搏动处，左手持听诊器的胸端轻压其上。旋开血压计水银柱玻管根部的开关，使水银贮存瓶与玻管相通，水银液面应恰在零刻度处。

听取血管音变化。实验者右手握打气球向压脉带内打气加压。

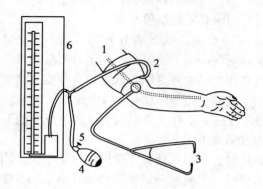

1. 肱动脉；2. 压脉带；3. 听诊器；4. 打气球；5. 放气螺丝；6. 血压计

图 25-1　听诊法测量人体动脉血压方法的示意图

在加压过程中，压脉带内压力上升，玻管内水银柱也随之升高，此时从听诊器内可听到声音变化。一直将带内压力升高到声音消失，再加压约 20mm 汞柱。然后扭开打气球的螺丝，以每秒 2～4mm 汞柱的速度缓慢放气减压，此时可以听到血管音的一系列变化：声音从无到有，由低到高，然后突然变低，再下降 5～10mm 汞柱，声音完全消失。休息 1～2min，又一次扭紧打气球螺丝，打气加压，松开螺丝，放气减压，听血管音变化，如此反复 2～3 次，再正式测量血压。

待受试者休息 5～10min 后，正式测量动脉血压。重复上述操作，同时注意检压计之水银柱的高度和声音变化。在徐徐放气减压时，第一次听到血管音时的水银柱高度即为收缩压，在血管音突然由强变弱时的水银柱高度即为舒张压。记下测量值后，将压脉带内的空气放尽，使压力降至零，再重测一次，若两次的测量值接近，即可做正式记录。

3. 动脉血压影响因素实验

呼吸对血压的影响。实验者向压脉带内打气加压后，徐徐放气到听见收缩压的血管音为止，扭紧打气球螺丝。受试者作缓慢的深呼吸 1min，然后即刻测量其血压，记录测量数值。受试者作一次深呼吸后紧闭声门，对膈肌和腹肌施以适当压力，在可能坚持的时间内测其血压，记录其测量数值。

运动对血压的影响。受试者作原地蹲起运动，1min 内完成 20~30 次，运动后立即坐下测量血压，记录测量数值。

冷刺激对血压的影响。受试者取坐位，令受试者将手浸入 4℃ 左右的冷水中至腕部，经 30~60s 后测量血压，记录测量数值。如果血压上升低于 22mm 汞柱，则说明受试者为反应低下者。

4. 触诊法测收缩压

采用触诊法时，不用听诊器，受试者可取坐位，测量前的准备工作同前。测量时，实验者一只手以食指及中指按在受试者桡动脉部位，另一只手握打气球向压脉带内打气，以 10mm 汞柱为一级增加压脉带内力，直到桡动脉脉搏消失（此时压脉带内压力超过肱动脉压）然后放气减压，随着压脉带内压力缓慢下降，桡动脉压再度出现时检压计水银柱的高度即为动脉收缩压。重复测 2~3 次，但每次间隔 1min。虽然用此法测不到舒张压，但它不受无音区的影响。

四、实验建议

（1）测量时实验环境须保持安静，以利听诊。戴听诊器时，务必使耳端的弯曲方向与外耳道一致，即接耳的弯曲端向前。

（2）测量坐、卧、站时的血压，测量部位必须与心脏在同一水平。左、右肱动脉常可有 5~10mm 汞柱压力差，故在作动脉血压调查统计时，一定要固定一侧，不要随意改变。

（3）动脉血压通常连续测量 2~3 次，以两次比较接近的数值为准，取其平均值，或收缩压取其上值，舒张压取其下值。重复测压时，须将压脉带内空气放尽，使压力降至零位，然后再加压。连续测量间隔 2~3min，每次测量应在半分钟内完成，否则受试者将有不适之感。

（4）测试完毕，将血压计略右倾，使玻管内水银全部落回水银贮存瓶后，关闭开关。将压脉带内空气放尽叠好，并与打气球按序放入盒内，以免将盖往下压时挤破水银玻管。

第九部分　生化与分子生物学实验

实验 26　果蔬中维生素 C 含量测定

维生素 C 是一种水溶性维生素，是人体营养中最重要的维生素之一。体内维生素 C 能促进胶原蛋白和粘多糖的合成，缺乏维生素 C 时，会出现坏血病，因此维生素 C 又称为抗坏血酸。水果和蔬菜是人维生素 C 的主要来源。不同种类、不同栽培条件、不同成熟度的水果和蔬菜中维生素 C 含量差异很大，由于植物中有抗坏血酸氧化酶，可以氧化维生素 C 使其失活，所以不同的加工贮藏方法，可以影响水果、蔬菜的抗坏血酸含量。

维生素 C 是一种酸性己糖衍生物，有氧化型和还原型，两型之间可以相互转化。2，6-二氯酚靛酚是一种染料，在碱性溶液中呈蓝色，在酸性溶液中呈红色，还原型维生素 C 能使 2，6-二氯酚靛酚还原褪色，自身变为氧化型，因而可以利用 2，6-二氯酚靛酚滴定法测定维生素 C 的含量。当用 2，6-二氯酚靛酚滴定含有维生素 C 的酸性溶液时，开始滴下的 2，6-二氯酚靛酚被还原成无色；当溶液中的维生素 C 全部被氧化成氧化型后，再滴入的 2，6-二氯酚靛酚立即使溶液呈现红色。因此，用 2，6-二氯酚靛酚滴定维生素 C 至溶液呈淡红色，即表示溶液中的还原型维生素 C 刚刚被全部氧化，即为滴定终点，根据 2，6-二氯酚靛酚消耗量即可计算出样品中还原型维生素 C 的含量。

一、实验目的

（1）学习、掌握 2，6-二氯酚靛酚滴定法测定植物材料中维生

117

素 C 的测定原理与方法。

（2）测定果蔬中的维生素 C 含量。

二、实验材料

西红柿，猕猴桃等。

三、仪器设备

电子天平，锥形瓶（50mL），容量瓶，移液管，研钵，漏斗，微量碱式滴定管（5mL），铁架台等。

四、药品试剂

维生素 C 标准溶液（0.2mg/mL），20g/L 草酸溶液，10g/L 草酸溶液，0.2g/L 2，6-二氯酚靛酚钠溶液。

五、实验操作与观察

1. 2，6-二氯酚靛酚钠溶液的标定

吸取 5mL 维生素 C 标准溶液于锥形瓶中，用微量滴定管以配制的 0.2g/L 2，6-二氯酚靛酚钠溶液滴定至淡红色，并保持 15s 不褪色为止。重复三次，依据 0.2g/L 2，6-二氯酚靛酚钠溶液的消耗量计算出 1mL 染料相当于多少毫克抗坏血酸。

2. 空白滴定

吸取 5mL 10g/L 草酸溶液于锥形瓶中，用微量滴定管以配制的 0.2g/L 2，6-二氯酚靛酚钠溶液滴定至获得稳定淡红色，记录消耗的染料量作为空白对照。重复 1 次，若两次结果差异较大，应重复滴定。

3. 样品制备

清洗材料，用纱布或吸水纸吸干表面水分。称取 2.00g 植物材料，放入研钵中，加入 5~10mL 20g/L 草酸溶液研磨至浆状。将浆状物转移到一个 50mL 容量瓶中，用 5~10m L20g/L 草酸溶液少量多次清洗研钵，清洗液全部转移到容量瓶中，最后用 20g/L 草酸溶液定容至 50mL。混匀后进行过滤。

4. 样品滴定

取 5mL 滤液放入锥形瓶中，用标定好的 2，6-二氯酚靛酚钠溶液滴定至获得稳定淡红色，记录染料消耗量。重复 3 次。

5. 计算样品中维生素 C 含量

$$维生素 C 含量（mg/g 样品）= \frac{(A-B)\ CD}{EF}$$

式中：

A：滴定样品所消耗的染料（平均）体积（mL）；

B：滴定空白所消耗的染料（平均）体积（mL）；

C：1mL 染料相当于维生素 C 的毫克数；

D：样品提取液总体积（50mL）；

E：每次滴定所用提取液的体积（5mL）；

F：待测样品的质量（2.00g）。

六、实验建议

（1）滴定所用 2，6-二氯酚靛酚钠溶液体积一般应在 1~4mL，超出或低于此范围，应增减样品液用量或改变提取液稀释度。

（2）本法只能测定还原型维生素 C 的含量，体内有生物活性的氧化型及结合型的维生素 C 不能检测出来。

（3）材料中其他能还原 2，6-二氯酚靛酚的物质，也可能在滴定时使其还原脱色，影响数据的准确性，而有些色素类物质，还会干扰对滴定终点的判断。在酸性条件下进行本法测定，可使干扰物质反应进行很慢。

（4）制备提取液时，使用 20g/L 草酸可抑制植物组织中的维生素 C 氧化酶的作用。有些果蔬（如橘子、西红柿）浆状物泡沫太多，可加数滴丁醇或辛醇消泡。

（5）整个操作过程要迅速，滴定过程一般不超过 2min，防止时间过长，还原型维生素 C 被氧化，影响检测结果。

实验 27　PCR 检测幽门螺杆菌

1982 年研究证明幽门螺杆菌（*Helicobacter pylori*）感染胃部可导致胃炎、胃溃疡、十二指肠溃疡和胃淋巴瘤，是胃癌发生的高危因子。1989 年从口腔中成功分离出幽门螺杆菌。幽门螺杆菌适应胃低 pH 环境，其尿素酶极为丰富，其基因组上有 *ureA*、*ureB*、*ureC* and *ureD* 四个开放阅读框，因此，尿素酶酶活或尿素酶基因是检测幽门螺杆菌感染的常用指标。此外，幽门螺杆菌高毒株中存在细胞毒素相关基因（cytotoxin-associated gene A，*cagA*），表达 CagA 蛋白，该蛋白在分离的临床菌株中具有很高的阳性率。通过检测幽门螺杆菌尿素酶 C 基因（*ureC*）和细胞毒素相关基因（*cagA*）可以了解是否存在幽门螺杆菌感染及其潜在的危害。

1985 年 Mullis 等发明了聚合酶链式反应（polymerase chain reaction），简称 PCR 反应。PCR 技术是一种有效的 DNA 体外扩增技术，具有特异、敏感、产率高、快速、简便、易自动化等突出优点。PCR 以高温变性、低温复性和适当温度延伸 3 个步骤为 1 次循环。高温变性后，DNA 双螺旋热变性为两条单链模板；低温复性时，上下游引物和模板特异序列互补配对；耐热 DNA 聚合酶（Taq 酶）在合适的温度下，以 4 种三磷酸脱氧核苷（dNTP）为原料，在引物 3′端延伸合成 DNA 新链。每经 1 次循环，就可将目的基因扩充 1 倍，能在数小时内将目的基因片段扩增至十万乃至百万倍（图 27-1），因而可从 1 根毛发、1 滴血，甚至 1 个细胞中扩增出足量的 DNA 片段供分析研究和检测鉴定。

本实验以幽门螺杆菌 *ureC* 和 *cagA* 基因序列为模板，合成特异性引物，通过 PCR 检测口腔微生物中是否存在幽门螺杆菌高毒株。

一、实验目的

（1）学习、了解 PCR 的原理。

（2）学习、了解利用 PCR 检测幽门螺杆菌的基本方法。

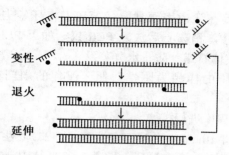

变性

退火

延伸

图 27-1　PCR 反应原理示意图

二、实验材料

人口腔微生物。

三、仪器设备

无菌牙签，PCR 仪，电泳仪，电泳槽，移液器，PCR 管，离心机，凝胶成像仪等。

四、药品试剂

引物 ureC-P1、ureC-P2、cagA-P1 和 cagA-P2，Taq DNA 聚合酶，Taq 酶反应混合液，琼脂糖，TAE 电泳缓冲液，溴化乙锭溶液（1mg/mL），6×上样缓冲液（0.25%溴酚蓝，40%蔗糖水溶液），DNA 分子量标准（Marker）。

五、实验操作与观察

1. PCR 反应（20μL 体系）
按下述试剂或样品依次加入 PCR 管中：

Taq 酶反应缓冲混合液	10μL
引物 ureC-P1/P1 或 cagA-P1/P2	各 10pmol
Taq 酶	2U

补 H_2O 至　　　　　　　　　　　　　　　　　20μL

用无菌牙签在牙齿表面刮取牙菌斑，将牙签尖端的菌膜加入 PCR 反应体系中。稍离心后放入 PCR 仪。如果 PCR 仪没有热盖，需覆盖 20μL 液体石蜡，防止水分蒸发。

以不加菌膜的样品为阴性对照，保存的幽门螺杆菌为阳性对照。

2. 按下述程序进行扩增

95℃ 预变性 10min，按 95℃ 变性 30s、52℃ 复性 30s、72℃ 延伸 26s 的循环程序完成 30 次循环，最后 72℃ 延伸 10min。

3. 琼脂糖凝胶电泳分析

PCR 反应结束后，取 10μL 产物与 2μL 6× 上样缓冲液混匀，进行琼脂糖凝胶电泳检测，通过凝胶成像系统观察、记录结果，进行结果分析。

六、实验建议

（1）尿素酶 C 基因引物 ureC-P1：5′-AAGCTTTTAGGGGTGTTAGGGGTTT-3′，ureC-P2：5′-AAGCTTACTTTCTAACACTAACGC-3′，扩增片段大小为 294 bp。

cagA 基因引物 cagA-P1：5′-AATACACCAACGCCTCCAAG-3′，cagA-P2：5′-TTGTTGCCGCTTTTGCTCTC-3′，扩增片段大小为 400 bp。

（2）进行 PCR 反应前，将 PCR 管稍离心一下，将沾在管壁上的反应混合液离心到管底。

（3）溴化乙锭毒性高，建议由受过训练的助教或教师操作，或者换用 GoldView、GelRed 等染料。

实验 28　核酸制备、检测及限制性酶切指纹分析

1953 年 Waston 和 Crick 在众多前人工作基础上，建立了 DNA 的双螺旋结构模型，为 DNA 作为生物体的遗传物质提供了理论依据，明确生物遗传信息的传递和表达是通过核酸分子的复制、转录和翻译等一系列过程实现的，此后分子生物学迅猛发展起来。

质粒是细菌、酵母菌和放线菌等生物细胞中染色体以外的闭合环状或线性双链 DNA 分子，大小一般数千到上十万碱基对，能独立于染色体外进行自我复制。质粒拷贝数较多，一般每个细胞中可含 10~200 个拷贝。一般来说，质粒的存在与否对宿主细胞生存没有决定性作用，但质粒携带的基因往往赋予宿主细胞特殊的生理代谢能力，如抗药性、合成抗菌素、编码限制或修饰酶等。质粒是基因工程中最常用的载体。

碱裂解法是从细菌中分离质粒 DNA 的最基本方法。其原理是利用强碱和十二烷基磺酸钠（SDS）破坏菌体细胞壁和细胞膜出现破损裂解。细菌染色体 DNA 会缠绕附着在细胞碎片上，同时由于细菌染色体 DNA 比质粒 DNA 大得多，当用强碱处理时，细菌的线性染色体 DNA 变性，而共价闭合环状的质粒 DNA（covalently closed circular DNA，cccDNA）的两条链不会相互分开，当 pH 恢复正常时，线状染色体 DNA 片段难以复性，而是与变性的蛋白质和细胞碎片缠绕在一起，而质粒 DNA 双链容易复性，恢复天然的超螺旋结构，以可溶解形式存在于液相中，如果离心就可以将质粒 DNA 和染色体 DNA、蛋白质、细胞碎片等分离开，再通过乙醇沉淀等收集纯化质粒 DNA。

DNA 指纹技术是从分子水平区别不同类群生物之间差异的重要手段，该技术发展迅速，使用广泛。随着分子生物学的发展，DNA 指纹技术的概念和内容也有所发展，其中限制性片段长度多态性分析（restriction fragment length polymorphism，RFLP）是应用较多的一种技术。DNA 的 RFLP 分析技术，实质上是基因组 DNA 限制性分析。RFLP 最初的意思是用特殊的限制性内切酶消化所提取的基因组 DNA，然后通过电泳得到 DNA 不同长度片段谱带类型，即得到染色体 DNA 的 RFLP 指纹，不同种之间有不同的染色体 DNA 指纹类型。总基因组 RFLP 技术的一大缺点是限制性片段太多，有时不易作比较分析，所以，有时通过 PCR 扩增特异 DNA 片段后再进行限制性酶切分析。

琼脂糖凝胶电泳是分离、鉴定和纯化 DNA 片段的常规方法。DNA 在碱性 pH 条件下带负电荷，在电场中向正极移动。DNA 分子在电场中的迁移速率与其片段大小的对数值成反比，分子小，迁移快；分子越大，迁移越慢。琼脂糖凝胶的分离范围较广，用不同浓度的琼脂糖凝胶可以分离长度为 200 bp～50 kbp 的 DNA 片段。利用低浓度的荧光嵌入染料（溴化乙锭）进行染色，可确定 DNA 在凝胶中的位置。此外，DNA 不同的构型对其迁移率也有明显影响，如制备的质粒 DNA 样品中，以超螺旋形式存在的共价闭环质粒迁移速率最快；两条链在同一处断裂的线型质粒 DNA（Linear DNA）次之；最慢的是两条链中有一条链发生一处或多处断裂形成的松弛型环状分子，即开环 DNA（open circular DNA，ocDNA）。

一、实验目的

（1）学习、了解核酸的提取、制备原理与方法，了解核酸的基本性质。

（2）学习、了解 DNA 片段琼脂糖凝胶电泳的基本操作技术。

（3）了解 DNA 指纹图谱技术的概念、原理和基本操作过程。

二、实验材料

携带 pDsRed 质粒的大肠杆菌，待测 DNA 样品 1 和 2。

三、仪器设备

锥形瓶，恒温摇床，试管，电子天平，电泳仪，电泳槽，制胶托架，样品梳，微波炉，水浴锅，离心机，微量离心管，旋涡振荡器，移液器，便携式紫外灯，凝胶成像仪等。

四、药品试剂

LB 液体培养基，100mg/mL 氨苄青霉素溶液，溶液 I（50mmol/L 葡萄糖、25mmol/L Tris-HCl pH8.0、10mmol/L EDTA pH8.0）、溶液 II（0.2 mol/L NaOH、1% SDS，现用现配）、溶液 III（5 mol/L KAc，pH4.8）和溶液 IV（苯酚∶氯仿∶异戊醇 = 25∶24∶1），无水乙醇，70%乙醇，琼脂糖，1×TAE 电泳缓冲液（40mmol/L Tris-HCl、2mmol/L EDTA pH8.0），TE 缓冲液

（10mmol/L Tris-HCl、1mmol/L EDTA，pH8.0），溴化乙锭溶液（1mg/mL），6×上样缓冲液，*Xba*I 及酶反应缓冲液，DNA 分子量标准（DL2000），质粒小提试剂盒等。

五、实验操作与观察

（一）碱裂解法提取质粒 DNA

（1）挑取单个大肠杆菌菌落于 5mL 含氨苄青霉素（100μg/L）的 LB 培养基中，37℃、200r/min 振荡培养 14~16h。

（2）按 1%接种量转接于 50mL 含氨苄青霉素（100μg/L）的 LB 培养基中，37℃、200r/min 振荡培养过夜。

（3）分装 1mL/管到 1.5mL 微量离心管中，10000r/min 离心 1min，收集菌体，弃上清。

（4）取 100μL 溶液 I 重悬细胞，使细胞充分分散。

（5）加入 200μL 溶液 II，轻轻翻转混匀，置于冰浴 5min。开盖有粘丝，说明细胞裂解效果较好。

（6）加入 150μL 预冷的溶液 III，轻轻翻转混匀，置于冰浴 5min。

（7）10000r/min 离心 10min，沉淀细胞碎片、染色体 DNA 和蛋白等，将上清转移到另一个干净的 1.5mL 微量离心管中。

（8）加入等体积的溶液 IV，振荡混匀，10000r/min 离心 5min。

（9）将上清水相转移到另一个干净的 1.5mL 微量离心管中，加入 2 倍体积的冷无水乙醇，室温静置 2min，沉淀质粒 DNA。

（10）10000r/min 离心 5min，去上清，加入 1mL 70%乙醇洗涤质粒 DNA。

（11）10000r/min 离心 5min，弃上清。质粒 DNA 附于管底壁上，做好标记。待乙醇挥发完后，用 50μ LTE 缓冲液溶解质粒 DNA，取 5μL 进行琼脂糖凝胶电泳检测。

（二）小提试剂盒制备质粒 DNA

（1）将培养好的携带质粒的大肠杆菌过夜培养物，按 1mL/管分装到 1.5mL 微量离心管中，10000r/min 离心 1min，收集菌体，弃上清。

（2）利用 250μL Solution I/RNase A（不同厂商略有不同，具体参照使用说明进行，下同）重悬细胞，使细胞充分分散。

（3）向重悬混合液中加入 250μL Solution II，轻轻颠倒混匀 4~6 次。

（4）加入 350μL Solution III，温和颠倒数次至形成白色絮状沉淀。

（5）室温 10000r/min 离心 10min。

（6）转移上清至套有 2mL 收集管的 DNA 结合柱中，室温下，10000r/min 离心 1min，弃收集管中的滤液。

（7）将柱子装回收集管，加入 500μL DNA 洗涤缓冲液，10000r/min 离心 1min，弃收集管中的滤液。

（8）将柱子装回收集管，10000r/min 离心 2min，以甩干残留液体。

（9）将柱子装入一个干净的 1.5mL 微量离心管中，加入 30~50μL 洗脱液到柱子基质上，室温静置 1~2min，10000r/min 离心 1min，收集滤液即为制备的质粒 DNA 溶液，取 5μL 进行琼脂糖凝胶电泳检测。

（三）限制性酶切指纹分析

从 1 号和 2 号待测 DNA 样品中任选 1 个，按下述试剂或样品依次加入微量离心管中：

样品 DNA（1 号或者 2 号）	10μL
反应缓冲液（10×）	2μL
*Xba*I	2~3U
补 H$_2$O 至	20μL

轻磕混匀，10000r/min 离心 10s，使管壁上的液滴集中到管底；37℃ 水浴酶切 1h。

酶切完后，取 10μL 进行琼脂糖凝胶电泳检测。

（四）琼脂糖凝胶电泳

（1）制胶：称取 0.6g 琼脂糖于 150mL 三角瓶中，加入 50mL 1×TAE 电泳缓冲液，置微波炉中加热熔化。冷却至 60℃ 左右加入溴化乙锭（终浓度为 0.5μg/mL）或其它染料，摇匀后立即倒入准备好的胶模中成一层均匀的胶面。待胶液冷却凝固后，加入少量电泳缓冲液，小心拔出梳子，将胶模放入电泳槽中，加入适量的电泳缓冲液（没过胶面）。

（2）分别取质粒 DNA 和 DNA 限制性内切酶样品 5 和 10μL，分别与 1/5 体积的 6×上样缓冲液混匀，用微量移液器将样品加入加样孔；另取核酸分子量标准样品 5μL，与上样缓冲液混匀后加样，记录样品点样顺序与点样量。

（3）开启电源开关，最高电压不超过 5 V/cm。电泳时间看实验的具体要求而定。在电泳途中可用便携式紫外灯直接观察，DNA 各条区带分开后，电泳结束。

（4）电泳结束后，用凝胶成像仪记录实验结果，依据所选样品电泳图谱与标准图谱（图 28-1），鉴定所选的样品是哪一种样品。

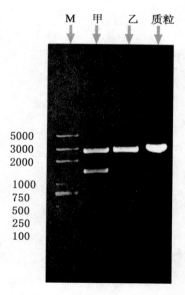

图 28-1　DNA 限制性内切酶电泳图谱

六、实验建议

（1）由于时间关系，含质粒的大肠杆菌活化和扩大培养工作可以由教师或者组织少部分学生课前准备完成。

（2）70%乙醇洗涤后，如果挥发太慢，可以减压蒸发或置于65℃烘箱中快速干燥。

（3）目前有很多质粒提取试剂盒，但多是在碱裂解法原理与方法基础上衍生而来的，因此，即使是使用质粒提取试剂盒进行质粒 DNA 提取，也要让学生了解、掌握质粒 DNA 的基本特性和碱裂解法提取质粒的原理与基本方法。

（4）可以依据实验室具体情况选取合适的待测 DNA 样品和限制性内切酶，提前做好标准图谱，便于对照分析。

（5）观察 DNA 电泳结果时，注意紫外线防护。溴化乙锭毒性高，建议由受过训练的助教或教师操作，或者换用 GoldView、GelRed 等染料。

附录一　实　验　须　知

一、学生上课必备的物品

1. 《基础生物学实验》教材。
2. 记录本 1 本，用于实验记录和课堂作业。
3. 绘图用具：2H、HB 绘图铅笔各 1 支，橡皮、直尺等。

二、实验室提供的实验用品

1. 每人显微镜、体视显微镜各 1 台。
2. 每组解剖用具 1 套。
3. 依据实验内容提供相关实验材料与试剂等。

三、实验室规则

1. 学生应按规定的上课时间至少提前 5min 进入实验室，实验时保持安静。
2. 实验结束时，应洗净并清点用过的物品，清理好自己的实验桌。
3. 按要求分组轮流值日，经老师检查后签字备查。
4. 爱护实验室的物品，避免损坏或浪费。如果不慎损坏物品，应主动报告。

四、学生实验

1. 每次实验前应仔细阅读实验教材，熟悉实验目的、内容和操作步骤。
2. 认真听老师讲解，并做好课堂笔记。

3. 严格按照要求进行操作，独立完成操作过程。

4. 实验过程中要随时记录观察的内容、实验现象和特殊情况。每次实验最后的 10~20min 应当留作写笔记、小结或作业。注意多思考问题、提出问题并与同学、老师讨论。

五、实验报告

1. 实验报告需用钢笔或中性笔书写，绘图及标注需用铅笔。要求书写整洁，图文正确。

2. 每次的实验报告需有题目、简要的实验过程记载、图示、对结果的分析、问题的思考和作业等。不可照抄实验教材或抄袭他人实验报告。

3. 每次的实验报告应在老师指定时间内完成并上交。

附录二　试剂配制

碱性品红染液

原液 A：取 3g 碱性品红溶于 100mL 的 70% 乙醇中（可长期保存）。

原液 B：取 10mL 原液 A，加入 90mL 的 5% 苯酚水溶液（2 周内使用）。

原液 C：取 55mL 原液 B 液，加入冰乙酸和 37% 甲醛各 6mL。

染色液：取 10mL 原液 C，加 90mL 的 45% 乙酸，再加 1.8g 山梨醇，熟化 2 周后染色效果更好。

红细胞稀释液

称取 0.5g 氯化钠、2.5g 硫酸钠和 0.25g 氯化高汞，用蒸馏水溶解至 100mL。

白细胞稀释液

将冰乙酸 1.5mL 和 1% 龙胆紫 1mL 混匀，加入蒸馏水至 100mL。

10g/L 碘液

先将 2g 碘化钾溶于少量蒸馏水中，再将 1g 碘溶解在碘化钾溶液中，最后用蒸馏水稀释至 300mL。

20g/L 草酸溶液

将 2g 草酸溶于 100mL 水中。

维生素 C 标准溶液

将 100mg 维生素 C 溶于 100mL 1% 草酸溶液中，加水稀释至 500mL，用前配制。

0.2g/L　2，6-二氯酚靛酚钠溶液

将 50mg 2，6-二氯酚靛酚钠溶于约 200mL 含 52mg 碳酸氢钠的热水中，冷却后定容至 250mL。不溶物较多可用单层滤纸过滤，注意避光保存。4℃可稳定保存一周。

TAE 电泳缓冲液（50×）

将 242g Tris 碱、37.2g $Na_2EDTA \cdot 2H_2O$ 溶于 800mL 水中，加入 57.1mL 的冰乙酸，混匀；用 NaOH 调 pH 至 8.3，加去离子水定容至 1L 后，室温保存。使用时稀释 50 倍或 100 倍，即得 1×TAE Buffer 或 0.5×TAE。

LB 液体培养基

称取 10g 蛋白胨、5g 酵母抽提物、10g NaCl，溶于 1L 水中，调至 pH 7.0，121℃灭菌 20min。

0.2g/L 詹纳斯绿 B 染液

用 0.9% 生理盐水配制。

吉姆萨染液

称取 1g 吉姆萨色素染料，量取 66mL 甘油。先加入少量甘油，在研钵中研磨至染料没有明显颗粒为止，再加入剩余的甘油，于 56℃保温溶解 2h，再加入 66mL 甲醇，混匀后保存于棕色试剂瓶中，即得吉姆萨染液原液，4℃可长期保存，保存一段时间熟化后染色较好。

临用前，将原液用 pH 6.8 的磷酸缓冲液稀释 10 倍左右就可以使用，工作液可保存一个月左右。

乳酸石碳酸棉蓝染液

石碳酸 10g、甘油 20mL、乳酸（相对密度 1.21）10mL、棉蓝 0.02g、蒸馏水 10mL，将石碳酸加在蒸馏水中加热熔化，然后加入乳酸和甘油，最后加入棉蓝，溶解即可。

卡诺氏固定液

无水乙醇 3 份，冰乙酸 1 份，混匀即可；也可无水乙醇 6 份，氯仿 3 份，冰乙酸 1 份，混匀。

醋酸洋红染液

取 45mL 冰乙酸，加蒸馏水 55mL，煮沸后慢慢加入 1g 洋红，搅拌均匀后，冷却后过滤，即可使用。也可再加入 1%~2% 的铁明矾水 5~10 滴，至溶液变为暗红色而不发生沉淀为止。

两栖类用任氏液

NaCl 6.5g、KCl 0.14g、$CaCl_2$ 0.12g、$NaHCO_3$ 0.20g、NaH_2PO_4 0.01g 和葡萄糖 2.0g，加水至 1000mL。

附录三 722 分光光度计的使用及注意事项

一、使用程序

（1）先了解仪器的各个操作旋钮的功能和读数方法。

（2）接通电源，打开仪器电源开关，选择合适的工作波长（360~800nm）。

（3）打开样品室暗箱盖，预热 10 分钟。

（4）将空白对照液体及待测液体分别倒入比色杯，液体高度到比色杯 3/4 高；用擦镜纸擦净比色杯外壁，将比色杯放入比色杯架内（一般将空白对照放在最外一格）；使空白对照对准光路。

（5）将灵敏度开关调至"1"档（若零点调节器调不到"0"时，可选用更高档）。

（6）在暗箱盖开启状态下调节"0"电位器，使读数为"0"或按"0%"按键；将暗箱盖合上，调节 100%，使读数达到"100"或按"100%"按键。

（7）通过功能旋钮或按键选择读取光密度值或透光率；操纵拉杆将待测液体的比色杯依次推入光路，依次读取各样品的光密度值或透光率。重复 2~3 次后，取其平均值。

（8）测量完毕，将各旋钮、开关和调节器等复原或关闭；取出比色皿进行清洗，样品室用软布或软纸擦净。

二、注意事项

（1）使用仪器前，应该首先了解仪器的结构和工作原理，以及各个操纵旋钮的功能。在未接通电源之前，应该对仪器的安全性能进行检查，电源接线是否牢固，通电是否良好，各个调节旋钮的起始位置是否正确等，然后再打开电源开关。

（2）比色杯中所盛溶液不宜过满，若不慎使溶液流出比色杯外面，应用吸水纸吸干，再用擦镜纸擦净后才能放入比色杯架内。

（3）手不能接触比色杯的光滑面，切忌用滤纸等物擦拭比色杯的光滑面。

（4）用完比色杯后立即用自来水冲洗比色杯，再用蒸馏水洗净，将比色杯倒立晾干。

附录四 实 验 报 告

第一部分 生物显微观察与绘图
实验报告（1~3）

实验名称　显微镜的构造与使用、显微测微技术和生物绘图的主要技法、基本技能　　年　　月　　日

姓名_____学号_____学院_____

专业_____成绩_____

1. 如何正确使用显微镜观察生物标本？使用时应注意哪些事项？

2. 如何利用镜台测微尺校正目镜测微尺？将测微结果填入下表，计算测量结果。

表1　　　　　　　　　　血细胞大小测量结果

计算次数	目镜测微尺每小格长度（μm）= 两个重合线间镜台测微尺格数____×10/两个重合线间目镜测微尺格数____=　μm										
	1	2	3	4	5	6	7	8	9	10	平均值
红细胞直径格数											
白细胞直径格数											
红细胞直径 μm											
白细胞直径 μm											

3. 绘出蚕豆叶表皮形态结构，并进行适当标注。

4. 生物绘图与一般绘画技法要求有哪些异同点？

第二部分　植物学实验报告（4~5）

实验名称　植物组织制片与植物营养器官观察、植物繁殖器官
观察　　　　　　　　　　　　　　　　年　　月　　日
姓名　　　　　　　　学号　　　　　　　　　学院　　　　　　
专业　　　　　成绩　　　　　　

1. 请绘出你所观察到的植物细胞有丝分裂各时期的细胞。哪一个时期是观察染色体形态和进行染色体计数的最好时期？

2. 比较双子叶植物草本茎和单子叶植物茎的结构特点。

3. 请绘出你所观察到的花的基本结构并进行标注。

4. 写出下列分属何种类型果实或种子。

苹果	小麦
玉米	核桃
番茄	板栗
花生	葵花子
毛豆	桔
白果	黄瓜
枣	豌豆
蚕豆	油菜

第三、四部分　动物学实验报告 (7~8)

实验名称　<u>动物组织的制片与观察、原生动物的形态结构与生命活动</u>　　　年　月　日

姓名<u>　　　　</u>学号<u>　　　　　　</u>学院<u>　　　　　</u>

专业<u>　　　</u>成绩<u>　　　</u>

1. 根据观察，绘图并注明单层扁平上皮及三种肌肉组织各部分的名称。

2. 描述血液各种有形成分的形态结构特征。

3. 绘图示草履虫已发出刺丝的状态。

4. 举例说明为什么说原生动物的单个细胞是一个完整的能独立生活的动物个体。

第五部分　微生物学实验报告（15~17）

实验名称　<u>环境微生物检测、细菌和真菌形态观察和乳酸发酵实验</u>　　　　　　　　年　月　日

姓名<u>　　　　　　</u>学号<u>　　　　　　　</u>学院<u>　　　　　　</u>

专业<u>　　　　</u>成绩<u>　　　　</u>

1. 将环境微生物检测结果记录在下表中。比较不同来源的样品检测出的菌落数与菌落类型数量。

样品来源	菌落数	菌落类型（数目）	特征描写						
			大小	形态	干湿	高度	透明度	颜色	边缘
1		1							
		2							
		3							
		4							
		5							
		其它							
2		1							
		2							
		3							
		4							
		5							
		其它							

2. 使用油镜时应注意哪些事项？

3. 绘图说明所观察到的酵母菌、根霉和曲霉的形态特征。

4. 你的酸奶制作成功吗？为什么培养时一定要用保鲜膜封好杯口？如果不封口，会出现什么现象？为什么？

第六部分 生物多样性观察实验
报告 (18~19)

实验名称 ___植物多样性观察、动物多样性观察___

年 月 日

姓名_____ 学号_____ 学院_____

专业_____ 成绩_____

1. 描述五种校园常见植物的主要特征。

2. 简述植物多样性对人类的作用，以及植被破坏对生物多样性丧失的影响。

3. 描述三种动物的主要特征。

4. 无脊椎动物和脊椎动物哪些外形特征反映了从低等到高等、从水生到陆生的演化过程？

第七部分　遗传学实验报告（20~21）

实验名称　<u>核型分析、微核实验</u>　　　年　月　日

姓名<u>　　　　　</u>学号<u>　　　　　　　</u>学院<u>　　　　　　</u>

专业<u>　　　　</u>成绩<u>　　　　</u>

1. 按测量、计算结果填写下列表格，排出染色体组型图，并绘制模式图。

表1　　　　　　　　**染色体测量与组型分析数据表**

染色体标号	测量数据（mm）			相对长度（%）		臂比	着丝粒指数
	长臂	短臂	全长	长臂	短臂		
1							
2							
3							
4							
5							
6							
7							
8							
9							
10							
11							
12							
13							
14							

单倍染色体总长 =<u>　　　　　</u>；染色体长度比 =<u>　　　　　</u>。

表2　　　　　　　　　　染色体配对

染色体组号 （最终）	配对染色体号 （原始编号）	形态、 大小	着丝粒 位置	随体	鉴别 程度
1	/				
2	/				
3	/				
4	/				
5	/				
6	/				
7	/				

大麦染色体组型图

1	2	3	4	5	6	7

2. 你在染色体组型分析中遇到哪些困难？有何建议？

3. 计算各待测样品的微核千分率和污染指数。

第八部分 生理学实验报告 (22~25)

实验名称 __植物体色素的提取、测定和分离、血细胞的数量__ __测定和血型鉴定、人体动脉血压测定__ 年 月 日

姓名_____ 学号_____ 学院_____ 专业_____ 成绩_____

1. 依据测量结果, 计算叶绿素的含量。

	第一次测量	第二次测量	平均值
OD_{663}			
OD_{645}			.

层析结果粘贴处

叶绿素浓度:

$C_a = 12.70 \times OD_{663} - 2.69 \times OD_{645} =$

$C_b = 22.90 \times OD_{645} - 4.68 \times OD_{663} =$

$C_{a+b} = 8.02 \times OD_{663} + 20.20 \times OD_{645} =$

叶片中叶绿素含量:

叶绿素 a (mg/g 鲜重) = ($C_a \times 25 \times 0.001 \times 5$) ÷2 =

叶绿素 b (mg/g 鲜重) = ($C_b \times 25 \times 0.001 \times 5$) ÷2 =

总叶绿素 (mg/g 鲜重) = ($C_{a+b} \times 25 \times 0.001 \times 5$) ÷2 =

2. 请将层析结果贴在右侧, 并标注各色素带。

3. 在提取叶绿素过程中应注意些什么? 如何提高测量的准确性?

4. 计算干重法测定光合作用强度。

光照叶片干重（mg）=

遮光叶片干重（mg）=

干重增加量（mg）=

$$光合作用强度 = \frac{干重增加总数（mg）}{切取叶面积总和（dm^2）×照光时数（h）} =$$

5. 受试者的血型属于哪一型？简述判断依据。

6. 依据计数结果，填写下表，计算白细胞和红细胞浓度，在正常范围吗？试分析原因。

表1   血细胞计数结果

计算次数	4个大方格白细胞数					5个中方格红细胞数					
	1	2	3	4	总数	1	2	3	4	5	总数
第一次											
第二次											
二次平均数值											
血细胞浓度	$×10^9$/L					$×10^{12}$/L					

白细胞总数/L = 4个大方格白细胞总数×5×10^7；红细胞总数/L = 5个中方格红细胞总数×10^{10}

7. 将人体动脉血压检测实验中所记录的测量数值填入表 2。

表 2 人体血压记录表

观 察 项 目		收缩压（毫米汞柱）	舒张压（毫米汞柱）
实验前（坐位）			
体位	仰 卧		
	站 立		
呼吸	深呼吸		
	深呼吸后紧闭声门		
运 动			
手浸入冷水中			

8. 哪些因素会影响人体动脉血压测量结果的准确性？

第九部分 生化与分子生物学实验报告（26~28）

实验名称 __果蔬中维生素 C 含量测定、PCR 检测幽门螺杆菌__ __与核酸制备、检测及限制性酶切指纹分析__ 年 月 日

姓名_____ 学号_____ 学院_____

专业_____成绩_____

1. 依据滴定结果，计算维生素 C 的含量。

染料消耗体积	第一次滴定	第二次滴定	第三次滴定	平均值
2，6-二氯酚靛酚钠溶液的标定（mL）				
空白滴定（mL）			/	
样品滴定（mL）				

维生素 C 含量（mg/g 样品）= $\dfrac{(A-B)\ CD}{EF}$

式中：

A：滴定样品所消耗的染料体积（mL）=

B：滴定空白所消耗的染料体积（mL）=

C：1mL 染料相当于维生素 C 的毫克数=

D：样品提取液总体积=50mL

E：每次滴定所用提取液的体积=5mL

F：待测样品的质量=2.00g

2. 实验中需注意哪些操作要点才能获得准确的维生素 C 测定结果？

3. 观察并描绘 PCR 扩增产物电泳结果，并依据 PCR 检测结果进行分析，判断你是否被幽门螺杆菌感染。

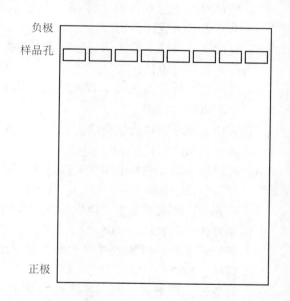

4. 限制性酶切指纹分析的基本原理是什么？观察并描绘限制性酶切电泳结果。并依据电泳结果判断你选择的是哪一个样品。你觉得 DNA 指纹分析鉴定可靠吗？为什么？

参 考 文 献

［1］曹阳，林志新编．生物科学实验导论．北京：高等教育出版社，2006

［2］仇存网，刘忠权，吴生才编．普通生物学实验指导．南京：东南大学出版社，2010

［3］黄诗笺，卢欣主编．动物生物学实验指导（第3版）．北京：高等教育出版社，2013

［4］黄诗笺，杨代淑主编．普通生物学实验指导．武汉：武汉大学出版社，1990

［5］黄诗笺主编．动物生物学实验指导．北京：高等教育出版社、施普林格出版社，2001

［6］黄诗笺主编．动物生物学实验指导（第2版）．北京：高等教育出版社，2006

［7］黄秀梨，辛明秀主编．微生物学实验指导（第2版）．北京：高等教育出版社，2008

［8］李仲芳主编．植物生理学实验指导．成都：西南交通大学出版社，2012

［9］刘凌云，郑光美主编．普通动物学实验指导（第3版）．北京：高等教育出版社，2010

［10］潘继承，王友如主编．生物学综合实验．武汉：华中科技大学出版社，2011

［11］沈萍，陈向东主编．微生物学实验（第4版）．北京：高等教育出版社，2007

［12］童富淡，张海花．生命科学实验与探索．杭州：浙江大学出版社，2013

［13］ 汪小凡，杨继主编. 植物生物学实验（第 2 版）. 北京：高等教育出版社，2006

［14］ 王建波，方呈祥，鄢慧民，章志宏. 遗传学实验教程. 武汉：武汉大学出版社，2004

［15］ 王元秀主编. 普通生物学实验指导. 北京：化学工业出版社，2010

［16］ 吴敏等主编. 生命科学导论实验（第 2 版）. 北京：高等教育出版社，2013

［17］ 吴敏，黄诗笺主编. 生命科学导论实验指导（公共课）. 北京：高等教育出版社，2001

［18］ 武维华主编. 植物生理学. 北京：科学出版社，2003

［19］ 张金红，刁虎欣主编. 基础生命科学导论实验. 北京：科学出版社，2012

［20］ Eberhard C. General biology laboratory manual to accompany. Florida：Saunders College Publishing，1990

［21］ 卫俊智，朱凤绥，李璠. 青藏高原野生大麦和瓦兰大麦的核型及带型研究. 遗传，1992，14（4）：3-6

［22］ Lage AP，Godfroid E，Fauconnier A，Burette A，Butzler JP，Bollen A，Glupczynski Y. Diagnosis of *Helicobacter pylori* infection by PCR：comparison with other invasive techniques and detection of *cagA* gene in gastric biopsy specimens. J Clin Microbiol. 1995，33（10）：2752-2756.